U0350318

参加国际林联第25届世界大会的中国林科院代表团合影

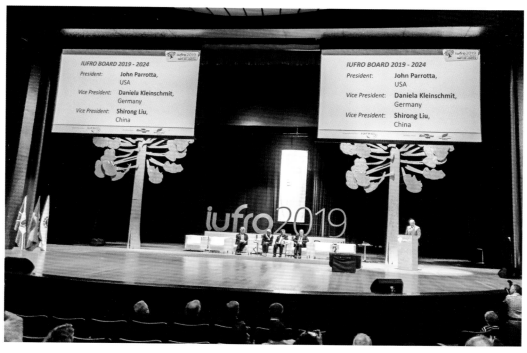

大会闭幕式上宣布，中国林科院院长刘世荣研究员就任国际林联副主席

中国林科院副院长肖文发研究员担任新一届国际林联执委

国际林联第25届世界大会杰出博士研究奖（ODRA）分享会

中国林科院木材工业研究所焦立超博士（右二）荣获国际林联杰出博士研究奖

中国林科院森林生态环境与保护研究所与美国西弗吉尼亚大学
联合培养博士余振（左一）荣获杰出博士研究奖

中国林科院代表团在大会期间与国际林联当届主席Michael Wingfield（前排左二）、
新一届主席John Parrotta（前排左一）和执行主任Alexander Buck（后排左二）会谈交流

中国林科院刘世荣院长（左二）、肖文发副院长（左一）和崔丽娟副院长（右三）在
展位与巴西农科院林业研究所所长Edson Tadeu Iede（左三）和该所国际处处长Erich
Gomes Schaitza（右二）会谈

中国林科院院领导在大会期间与不列颠哥伦比亚大学林学院
副院长Yousry El-Kassaby交流

中国林科院院长刘世荣研究员主持国际林联第25届世界大会"森林、土壤和水的
相互作用"主题全体报告会

尼泊尔科学技术学院院士、水利部原部长Dipak Gyawali在刘世荣研究员主持的"森林、
土壤和水的相互作用"主题全体报告会上作政策视角报告

中国林科院木材工业研究所在大会上成功举办"促进木材合法采伐的热带木材
识别新方法及其应用"技术会议（殷亚方研究员主持）

中国林科院资源信息研究所在大会上成功举办"面向可持续森林经营的区域森林
资源观测"技术会议（庞勇研究员主持）

中国林科院副院长肖文发研究员作"马尾松幼苗光合产物的运输
与分配特征"报告

中国林科院资源信息研究所刘清旺副研究员作"无人机激光雷达与摄影测量估测冠层高度的对比分析"报告

中国林科院林业研究所张雄清副研究员作"基于贝叶斯模型平均法分析杉木单木枯损率与立地、竞争和气候的关系"报告

中国林科院热带林业研究所仲崇禄研究员作"麻楝遗传多样性"报告

中国林科院林业科技信息研究所谢和生副研究员以墙报形式介绍"中国小农林业家庭
林业合作组织"研究进展

中国林科院热带林业研究所所长徐大平
研究员在大会上以墙报形式介绍我国沉香
生产和沉香人工林的发展状况

中国林科院林产化学工业研究所王成章
研究员在大会上以墙报形式介绍漆酶催化
合成漆酚香豆素衍生物及抑制活性研究情况

中国林科院资源信息研究所副所长张会儒研究员等在会议期间与外国专家
交流森林经理研究情况

面向可持续发展的林业研究与合作

国际林联第25届世界大会成果集萃

刘世荣 ◎ 主编

中国林业出版社
China Forestry Publishing House

图书在版编目（CIP）数据

面向可持续发展的林业研究与合作：国际林联第 25 届世界大会成果集萃 /
刘世荣主编. —北京：中国林业出版社，2022. 1

ISBN 978-7-5219-1521-1

Ⅰ．①面… Ⅱ．①刘… Ⅲ．①林业–国际学术会议–文集 Ⅳ．①S7-53

中国版本图书馆 CIP 数据核字（2022）第 007816 号

责任编辑：于晓文　于界芬　　　　　　　　　　电话：（010）83143542　83143549

出版发行　中国林业出版社有限公司（100009　北京市西城区刘海胡同 7 号）
网　　址　http://www.forestry.gov.cn/lycb.html
印　　刷　中林科印文化发展(北京)有限公司
版　　次　2022 年 1 月第 1 版
印　　次　2022 年 1 月第 1 次印刷
开　　本　787mm×1092mm　1/16
字　　数　274 千字
印　　张　11.25　　彩插　10 面
定　　价　100.00 元

面向可持续发展的林业研究与合作
——国际林联第 25 届世界大会成果集萃
编委会

全球森林面积 40.6 亿公顷，占全球陆地面积的 30.8%，是地球生物圈的关键组成部分。森林生态系统不仅为人类提供木材、药材、粮食、木质林产品和非木质林产品以及能源等，还为世界上近 80% 的陆地生物多样性提供栖息地，提供有助于社会经济发展的多种有形和无形产品与服务。可以说，森林是我们实现可持续发展目标不可或缺的重要资源。林业科学研究对于推动林业可持续发展具有极其重要的意义，能够为应对气候变化、保护生态环境、支持生态修复、促进绿色发展、改善民生等提供科学的解决方案。生态环境资源是全球共有资源，不同生态系统之间存在连通性，它们的相互作用和气候变化一样，并不受限于疆域边界。因此，在应对全球共同面对的生态环境问题时，各国是休戚与共的命运共同体，森林科学研究的国际合作发挥着至关重要的作用。

国际林业研究组织联盟（英文全称 International Union of Forest Research Organizations，英文简称 IUFRO，中文简称国际林联）正是为此应运而生的全球性林业科学合作网络，其宗旨是为全球森林科学发声，促进森林和社会可持续发展。其成立于 1892 年，是世界上历史最悠久、最重要的林业领域学术组织，是国际科学理事会的成员机构之一，在促进世界各国林业科学研究及全球合作方面发挥着极其重要的作用。目前，国际林联成员包括全球 120 多个国家约 650 个相关机构和 15000 多名科学家，各方基于自发、自愿的原则开展合作。

国际林联一般每 4~5 年召开一次世界大会，是全球林学界最为隆重、规模最大的学术盛会，每次参会人数超过 2000 人。进入 21 世纪以来，国际林联先后在马来西亚、澳大利亚、韩国、美国和巴西召开世界大会。其中，2019 年 9 月 29 日至 10 月 5 日在巴西库里蒂巴举办的国际林联第 25 届世界大会是该组织成立以来首次在拉丁美洲国家召集这一盛会。本届大会以"为了可持续发展的林业研究与合作"为主题，下设"森林造福人类、森林与气候变化、森林和林产品创造绿色未来、生物多样性与生态系统服务和生物入侵、森林与土壤及水的相互作用、教育交流与关系网络"等 6 个议题。来自全球 92 个国家的 2500 多名林业科研人员、管理人员、政策专家、林业从业人员等各界人士齐聚库里蒂巴，在大会议程框架下共举行了 5 个全体主旨报告会、10 个亚全体主旨报告会、195 个技术分会、127 个墙报分会，会议期间交流口头报告 1648 个、墙报 964 个。

出席本届世界大会的中国代表约 140 人，参会人数仅次于巴西和美国。中国林业科学研究院（简称"中国林科院"）一直积极参与并承办国际林联各类活动，自 1979 年加入国际林联以来，已组织约 250 人次参加 9 届世界大会。其中，此次组织了 65 位中国林科院专家组成代表团赴巴西参会，是我院历次参会代表团人数之最，代表团专家在大会期间主持了 1 个全体主旨报告会，组织了 8 个技术分会和 3 个墙报分会，交流口头报告 34 个、学术墙报 32 个，并在大会期间举办中国林科院宣传展，向全球林业专家推介宣传森林生态与环境、林木遗传改良、森林培育等研究成果。除学术交流外，担任国际林联职务的中国林科院专家还参加了该组织执行委员会会议、国际理事会会议及相关学部的事务会议等行政管理工作会。

中国林科院代表团此次参会硕果累累，主要体现在：

一是学术交流成果显著。代表团成员来自中国林科院下属 10 个研究所、中心，专业涵盖各个重点学科领域。一方面，通过深入参与会议交流，紧跟国际林业研究前沿，掌握学科发展动态，为衔接国内、国外研究合作兴趣，弥补研究空白和差距，提升自主创新能力发挥重要作用；另一方面，中国林科院专家积极分享相关领域的研究成果，对外展现了我国林业科研的雄厚实力，也为解决全球性研究难题提供了中国智慧和中国方案。

二是国际林联任职职级实现历史新突破。世界大会开幕前举行的国际林联第 58 届执行委员会会议选举产生了新一届主席 1 人和副主席 2 人，并通过了新一届执委会委员名单，其中包含 7 名主席候选人。我本人自本届大会起出任新一届副主席，主要负责管理国际林联特别工作组，这是国际林联成立 127 年来首次由我国专家担任该级别高级官员，也是迄今为止中国林科院专家在国际科学理事会成员机构中担任的最高职务。此外，中国林科院副院长肖文发研究员作为主席候选人出任国际林联新一届执行委员会委员，主要负责发起、组织和协调国际林联与亚太地区，特别是与中国的合作；中国林科院国际合作处代表继续接任国际林联国际理事会中的中国席位。

三是涌现出一批跻身国际舞台的林业科学研究新生力量。中国林科院木材工业研究所自主培养博士焦立超以及森林生态环境与保护研究所与美国西弗吉尼亚大学联合培养博士余振荣获本届国际林联杰出博士研究奖（ODRA），2 人向大会汇报了获奖成果并在会上接受颁奖。参会后，中国林科院新增学科组 5.16.00－木材鉴定识别（EC）、工作组、特别工作组等学术任职 11 人次，另有 2 人次学术任职级别得到提升；另外，经会上沟通协调，会后国际林联正式批准成立木材识别学科组，中国林科院木材工业研究所殷亚方研究员出任该学科组首任组长。

本届大会主题鲜明，学术活动质高量多，各领域报告精彩纷呈。中国林科院代表团各位专家在会上积极学习、记录、收集和领悟各方信息，会后认真归纳、整理、总结和提炼出了主要领域的重要研究进展，为本书读者呈献了 8 篇文献综述、9 篇大会主旨报告及多篇会议报告摘要等内容，并及时翻译了先后历时两年多、大会期间多方磋商修改并最终正式发布的《2020年后国际林联战略》，以期能够为我国林业科研人员、林业政策制定者、林业相关从业者和所有对林业和国际合作感兴趣的读者提供一份尽可能详尽的会议成果汇编，为相关领域的科研工作和国际合作提供借鉴。

中国林科院负责国际合作工作的副院长崔丽娟研究员和国际合作处全体同仁为本次大型代表团圆满参会付出了巨大的努力和辛劳，从人员组织、目标设置、学术分工、安全保障、行前协调等各方面做了周密、妥善的部署和预案，并在会后联合代表团全体成员撰写了本书，特此一并致谢！

国际林联第25届世界大会闭幕式上正式宣布，第26届世界大会将于2024年在瑞典斯德哥尔摩举行，大会主题为"面向2050年的森林与社会"。愿新冠疫情早日过去，让我们届时如约相聚斯德哥尔摩！

2021年8月于北京

CONTENTS | 目 录

1

◎ 森林与气候变化 ◎

主旨报告

会议报告摘要

◎森林和林产品创造　绿色未来◎

主旨报告

会议报告摘要

◎生物多样性、生态系统和生物入侵◎

主旨报告

会议报告摘要

◎森林、土壤和水的相互作用◎

主旨报告

会议报告摘要

◎ 展　望 ◎

附　录

开幕致辞

Michael Wingfield

（国际林联主席）

各位尊敬的来宾、同僚及朋友：

我感到非常荣幸能够在此欢迎各位参加此次 2019 年国际林联世界林业大会，这是国际林联首次在拉丁美洲召开世界大会，我们期待已久。此次大会为全球林业科学研究者加深了解拉丁美洲林业科学研究提供了重要机遇，将近 40% 的参会人员来自拉丁美洲，主要来自巴西。

我记得 2 年前，我曾提出一个问题：想象一下这个世界没有国际林联会是怎样？我真切希望各位好好考虑一下这个问题。国际林联每年举办 70~90 场学术会议，涉及林业各个领域，一些是几十或上百人的小型会议，一些是上千人的大型会议，正如此次大会。国际林联为推进全球林业研究和合作作出了巨大贡献，使国际林联成为世界最重要的林业学术组织之一。国际林联在为利益相关方提供科学事实上发挥着不可或缺的作用。为何此次大会如此重要？因为我们汇聚于此不仅是为了交流分享林业各领域的知识信息，更是为了彰显国际林联在提供科学人才、推动林业研究，为各级政策制定者提供智力支撑的关键作用。大会学术委员会不遗余力地为此次大会学术议程付出心血，接收了来自全球近 90 个国家 2600 余篇报告，在此我表示非常感谢。国际林联致力于推动林业教育和青年科学家的发展，主要是通过与我们的合作伙伴国际林业学生协会合作开展工作。近期，国际林联理事会上一致通过，接收国际林业学生协会成为国际林联永久理事，在此表示热烈的祝贺。我曾听过这样一个说法：国际林联是世界最重要的林业学术组织之一，同时也是世界上最会保守秘密的组织。国际林联在推动全球林业研究作出了重大贡献，这不应该作为一个秘密来保守。我们需要更多地宣传国际林联的重要性。我们在宣传沟通工作上比过去取得了进步，但这永远不会足够。在此，我希望在座各位能够进一步宣传推广国际林联的工作及重要性，呼吁更多地人了解国际林联、参与我们的活动。衷心感谢巴西林务局和巴西农科院林业研究所承办国际林联第 25 届世界大会，为来自全球的林业科研人员和相关从业者学术交流和合作关系构建提供了宝贵的交流平台，共同促进林业科研合作。希望各位能够如我一般享受此次大会。

（资料整理、编译：申通；校对、编辑：陈玉洁）

闭幕致辞

Michael Wingfield

（国际林联主席）

各位同僚、朋友下午好：

或许在座各位对我们为"国际林联杰出服务奖"获奖者颁发的木制奖杯感到好奇。我用了很长时间才拼接起这座惊奇的木制奖杯，所以我不打算再将它拆分了。恭喜各位获奖者，各位可以之后再详细观摩下这座奖杯，但不要把它拆分，因为重新组装上真的很困难。

请容许我对这座奖杯介绍一二，因为它是一座非常特殊的奖杯。这座奖杯的设计者是来自莫桑比克的 Allan Schwarz，此作品是国际林联与国际木文化学会为庆祝"2019 世界木材日"而共同举办的"国际林联杰出服务奖"设计大赛中的获奖作品。这座奖杯由 10 块木头组成，9 根木棍组合在一起，竖立于木质基座。这些木棍是采用立木废材，以细木制作工艺制作而成，并且可以随意组合，所以每座奖杯都是独一无二的。这些木块所选取的树种源于莫桑比克的树种，均通过可持续渠道获取，包括桃花心木、柚木、松木、可乐豆、红铁木豆等。经过蜜蜡打蜡上光后，奖杯最终制作完成。请大家为艺术家 Allan Schwarz 致以热烈掌声。

接下来，让我们为以下三位颁发这特殊的奖项（略）。

人类活动给包括森林在内的自然资源带来了前所未有的压力。气候变化、毁林及森林退化严重危害着自然资源。在参加了这次世界大会的多个对话和报告后，我越来越清楚地认识到这些危机，特别是气候变化是我们面临的主要问题，并深刻影响着林业研究的方方面面。此次大会正是为解决这些危机，推进林业科学各领域研究提供平台。感谢大会学术委员会的工作，接收了如此多的报告，清楚地向我们展示他们林业研究的成果。这也是国际林联的巨大承诺：为世界林业面临的众多危机寻求解决方案，同时也是此次第 25 届国际林联世界大会的重要成果。我将不再对此次大会的成果进行赘述。不过，我想和大家分享一下我的心得体会。为推进未来世界林业发展，国际林联中来自全球各地的林业科学家贡献了重大力量。很重要的一件事情是，与社区的联系和与公众进行沟通，从而获取他们的信任和尊重。这项工作如果可以很有成效，便更容易说服政策制定者听取有关呼吁，从而做出改变。我坚信人们会相信我们，因为国际林联的呼吁是独一无二的。这种独特性在于我们是持中独立的非政府组织，这体现了国际林联的重要性及特殊性，我们不能摒弃这点，必须加以利用。此次会议的众多对话和分会为大会就各项议题建立合作提供了重要契机，我们通过这次大会了解到潜在的合作领域，我们应该继续努力开展跨学科合作。我坚信，这将有助于未来世界林业的发展。2013 年 6 月，国际林联理事会投票通过在拉丁美洲的巴西举办第 25 届国际林联世界大会。当时觉得就像是一场梦，但今天，在大会闭幕之日，这场梦变成了现实。此次大会获得了圆满成功，这是我最高兴的一天，而且我很高兴在库里蒂巴结束我本人的国际林联主席任职。我们实现了在拉丁美洲这个如此重要的区域举办世界大会，拓展新的、深入的国际合作的梦想，我谨向大会主办方巴西林务局和巴西农科院的热情好客及全力支持致以诚挚敬意，同样对大会组委会、学委会为圆满举办此次大会付出的心血致以谢意。我即将卸任国际林联主席职位，我再次感谢过去 5 年与我共事的来自全球各地的国际林联利益攸关方、国际林联理事会、管理委员会及总部同事的支持。能够领导国际林联，我感到无比荣幸。同时，我也承认在这一过程中偶尔遇到过波折。但就像我在很多场合中说的那样，遇到风浪是因为船在前进，静止的船才不会摇晃，因此，波折也很重要。担任国际林联主席期间，我的单位南非比勒陀利亚大学及农业生物技术研究所各位同仁给予了重大支持。最重要的是，我要感谢我的同事也是我的妻子 Brenda 给予我的支持，她和我们可爱的两个孩子现在正在现场。没有他们的支持，我不会走到今天。最后，我十分荣幸将国际林联主席职位移交给 John Parrotta 博士，John 与我在国际林联是多年的好友，John 与我一样深爱着国际林联，我坚信他将是一名出色的主席。现在有请国际林联即将上任的主席 John 与我一起站在舞台。

John 于 1987 年在耶鲁大学获得博士学位，在森林培育、人工林生态学、恢复生态学、热带森林生态学、非木质林产品的传统应用、林产品等领域从事研究 30 余年，他从事的研究地区主要涉及哥斯达黎加、巴西和印度。20 世纪 90 年代中期，John 和他的国际科学团队在哥斯达黎加、巴西、南非和美国等地开展森林对生物多样性恢复的影响等多项科学研究，该研究奠定了 John 顶尖科学家的地位，特别是在森林恢复领域。在过去 15 年，John 的工作重点主要是撰写科学综述，以主要作者或负责人的身份编写 3 项国际林联主导的"土地退化和恢复"全球林业专家组评估报告。自 2000 年起，John 担任美国农业部林务局国际科学事务国家项目主管，为美国政府政策制定提供了科学支撑，推动机构参与全球林业研究和发展。他在国际科学政策等方面多年的工作经验促进了他在不同学科、不同文化背景开展合作沟通的杰出能力。John 于 1993 年加入国际林联，在第一学部创立了热带森林恢复工作组。他曾在国际林联担任了多个领导职务，包括第一学部协调员（2000—2004 年）、第八学部副协调员（2010—2014 年）、2010 年及 2014 年大会学术委员会主席、"传统森林知识"特别工作组协调员（2005—2011 年）、国际林联副主席（2014—2019 年）。由 John 担任下届国际林联主席，实至名归！

John，祝贺你！下面有请 John 进行讲话。

（资料整理、编译：申通；校对、编辑：李雪娇）

当前全球森林面临的挑战和国际林联的作用
——国际林联主席当选人 John Parrotta 在大会闭幕式上的就职讲话

编者按：国际林联第 25 届世界大会于 2019 年 9 月 29 日至 10 月 5 日在巴西库里蒂巴召开。经国际林联第 58 届执行委员会选举，产生了新一届主席 1 人、副主席 2 人，主席由美国林务局 John Parrotta 博士担任，负责学部的副主席为德国弗莱堡大学 Daniela Klein-schmit 教授，负责特别工作组的副主席为中国林科院院长刘世荣研究员，本届任期为 2019—2024 年。在 10 月 5 日举行的大会闭幕式上，John Parrotta 博士代表新一届领导层发表了就职演讲。

我们生活在一个无比富饶且富有灵性的星球上。在这美丽而脆弱的地球生物圈中，我们在森林里感受到了大自然无与伦比的感召力，这是其他任何地方都无法与之媲美的。

我们当中有科学家、有教育工作者，也有学生，在探索精神、科研热情和求知欲望的驱使下，为了森林可持续发展这一共同目标，齐聚库里蒂巴，参加首次在拉丁美洲举办的国际林联世界大会。

森林，以其令人惊叹的多样性，在多个方面发挥着至关重要的作用。首先，森林为地球上约 80% 的陆生生物提供了栖息地。虽然所有类型的森林都在这方面发挥关键作用，但值得注意的是，占地球总面积不到 2% 的热带雨林滋养着地球上 50% 的动植物种，而它正日渐缩减。

除了在保护生物多样性方面发挥重要作用，森林对人类的生存也至关重要。森林及其生物多样性满足了人类世世代代的物质、文化和精神需求。今天，它们直接或间接地为全世界各国的民生、经济、社会和文化提供支持。它们提供了各种各样的产品和服务，包括木材、粮食、药材和其他非木质林产品、能源和生物产品，还有诸如碳汇、养分循环、供水和空气净化等生态功能。森林的重要作用还体现在提供社会和文化效益，例如游憩、教育场所、传统资源利用和精神价值等。

回顾历史长河，人类文明兴衰更迭、不断往复，是因为忽视了对包括森林在内的自然资源管理不当和肆意浪费而导致的危机。为了短期收益而牺牲长远的可持续性，或对自然资源苛索无度，这种发展模式似乎一直在循环。这在近几十年来我们亲眼目睹的四处发生的毁林现象中体现的尤为突出，但这绝不是不可避免的。

世界上的大部分森林及其生物多样性是由社区来保护和管理的，我们对此深表感激。当然，我指的是世界各地那些具有跨世代的长远目光的原住民社区。他们的知识和智慧不断激发主流社会致力于构建可持续的未来。经过无数代人的努力，这些社区通过可持续的森林和景观管理经营实践，设法保留了丰富的文化传统，并满足他们的物质和非物质需求。原住民以及他们的支持者，在做出这些努力时往往需要经受住极端压力。他们值得我们致以最崇高的敬意，也应当得到我们的支持。

我们面临着一些尖锐的环境和社会挑战，无论我们是谁，无论我们身处何地，这些挑战对森林和依赖森林的你我都产生了重大影响。这些挑战不胜枚举，其中包括气候变化、土地退化、生物多样性丧失和生物入侵、淡水资源枯竭以及由于目光短浅、规划不当的农业、基建、采矿和城建开发等变更土地用途而导致的毁林。

这些危机及其相关的不当治理削弱了森林为世界日益增长的人口提供所需产品和环境服务的能力，其不良后果在地方、区域和全球尺度上全都显而易见。它们直接或间接地造成了经济困局，加剧了社会冲突，导致环境难民数量激增。这就是我们翘首以待的未来吗？我不这么认为。

我们可以做得更好，也必须做得更好。国际林联肩负重任、责无旁贷。

一、林学界在全世界发挥举足轻重的作用

通过我们的工作，同时得益于职业赋予我们这些林业科研人员的习惯于着眼长远的第二天性，学术界深化了我们对各个尺度的森林系统复杂性的认识，无论是微小如分子，还是浩瀚若大陆。我们的研究揭示了广袤的生态、社会经济和文化景观中森林及其开发利用之间的关系。我们贡献的知识为森林经营评估、土地用途变更和技术革新的正面或负面影响提供了坚实可靠的科学依据。

目前，国际林联在森林景观恢复方面开展的工作充分佐证了这一点。几十年来，全球的林学家一直高度关注森林生产力和森林健康的改善、再造林、土地恢复以及气候条件变化带来的影响。通过新的研究，特别是社会科学研究，人们对这些问题的认识不断深入，使我们能够为森林景观恢复提供科学合理的方案，协助应对气候危机，并在可持续土地管理实践和农村经济健康发展的基础上促进向生物经济转型。

国际林联目前已有的和潜在的受众群体范围非常广泛，其中包括：

· 全球范围内，需要建立坚实的知识基础以研发创新解决方案维持森林及其相关价值的青年科研人员；

· 近期引发全球成千上万人参加各地数千场呼吁采取气候行动活动的儿童和青年；

· 拥有可持续思维的农民、森林所有者和寻求公平竞争环境的企业家；

· 世界各地希望通过改变日常生活习惯来为遏制环境恶化出一份力的公民和消费者；

· 致力于保护森林和维持环境正义的民间社团和非政府组织；

· 深谙森林可持续经营与更加宏伟的发展目标和愿景之间相互联系的各级负责任决策者。

世界需要国际林联。我认为，作为科学家和负责任的社会成员，我们有责任分享从研究中获得的知识和见解，帮助公众和决策者做出明智的选择。简而言之，就是提供对他们有所帮助的科学知识。但这并非易事，很多干扰正在分散人们的注意力，很多错误信息正泛滥成灾。在这个充满挑战的时代，要切实发挥国际林联的作用，我们需要在研究中提出

并回答正确的问题，同时还必须推广我们的研究工作成果，使之能够服务于社会公众和广大决策者。

提出正确的问题意味着在设计研究问题、研究方法和分析工具时要考虑到社会需求和发展趋势。在设计专业化程度较高的研究工作和科学成果集群时，利用相对宏观的可持续发展问题可以实现这一点，如把 2030 年议程和可持续发展目标中所阐述的那些挑战作为基本背景框架。这样可以更好地向利益相关者传达我们开展的科学研究的价值及其对社会的效用。在深入研究的坚实基础上应用这种宏观的背景框架，有助于提升科研宣传工作的成效并扩大受众范围。

值得庆幸的是，国际林联已经借助各种出版物、播客、网络研讨会和其他宣传手段为社会提供了这种服务。我们利用学术简报、系列报道、论文专刊、林联新闻、林联新闻聚焦、新闻通讯、林联的博客和脸书等为庞大而多样化的受众群体提供了林联成员机构、任职专家和林联各级部门所开展的林业研究的综述总结，这些资料极具参考价值，并且获取不受限制。

国际林联为政策制定者提供信息参考最有效的机制之一是通过其全球森林专家委员会（GFEP）。GFEP 报告和政策简报针对重大问题提供客观、独立、多学科的科学评估，支持在全球水平上做出更加科学、明智的决策。这些评估工作和政策简报备受国际政界的高度认可，并在全球范围内广泛报道。

国际林联的对外推广，包括参与区域性和全球性涉林政策论坛等工作，仍需继续拓展和加强。在我担任主席期间，我将全力支持国际林联贯彻落实当前和今后的宣传策略以及参与政策进程的工作。

二、国际林联的优势——多元化

我们从森林中获得的生产力、健康和许多效益源自于其生物多样性。同样，国际林联在学术上的卓越性、创造力及其社会价值取决于我们的成员机构和科学家群体的多样性。学科观点、知识、经验和文化的多样性尤其重要。

国际林联有着悠久而丰富的历史，追根溯源，它于 127 年前在欧洲萌芽诞生。近几十年来，我们在提升成员机构和学术活动在地域、文化和学科方面的多元化方面取得了巨大进展。如今，国际林联已覆盖 127 个国家近 650 个成员机构。

然而，我们仍需进一步促进国际林联各级成员的性别平衡、年龄分段和区域代表性。Michael Wingfield 和前几届主席已在这方面做了卓有成效的工作，在我担任主席期间，我将秉承弘扬包容性这一重要原则。我将大力支持国际林联已在进行或将要开展的各项工作，吸纳学生、青年科研人员、女性和来自目前代表性不足的地区的科学家加入，并以身作则参与其中。

如我之前所说，我们面临的可持续发展挑战具有多面性，甚至已超出传统的森林科学范畴。但值得庆幸的是，我们并非单打独斗。国际林联可以突破其现有的网络范围，拓展科学研究、科研集群和推广宣传等方面的合作，使其影响力实现倍增。在未来 5 年，我将努力促成我们的科学家和科研机构开展更多方面的合作，帮助国际林联更好地发挥影响作用、拓宽我们的知识，所涉领域可能包括农业、医学、空间规划、环境工程、生物炼制和化学、环境教育、艺术和人文等。

国际林联旗下 9 个学部、特别工作组、特别计划和面上项目的领导者都很富有奉献精神和创造力，有能力领导开展这样的外联推广工作，拓展与其他领域的科研人员和专家同行的合作。我将会对这些工作给予热烈的支持。

三、结　语

我们生活在一个环境、经济、社会和技术等各方面瞬息万变的时代。这些变化给森林和人类带来了多维度的重大挑战。以国际林联为代表，全球学术界已经具备应对其中一些挑战所需的知识。

但为了充分发挥我们的潜力，需要集合更多的科学家和国际林联成员机构，更好地利用这个合作网络的知识、专业技术和创造力。同时，还需要突破学科的边界，拓展更多合作关系，并扩大交流传播和外联推广的覆盖范围。通过落实这些行动，国际林联能够并且将会真正将森林、科学和人类联结起来，从而创造一个更加美好的世界。

作为即将上任的国际林联主席，我将引领这一行动，这既是一项荣耀，也是一项挑战，但我十分期待。我向诸位保证，在接下来的 5 年里，我将竭尽所能，全力支持国际林联这一全球性合作网络开展丰富多元的活动和行动。

（翻译：李雪娇；校对、编辑：陈玉洁、王彦尊）

国际林联 2020 年后发展战略

一、引 言

为进一步提高国际林联作为全球性林业科研合作、知识共享和政策支持体系的地位，特制定国际林联 2020 年后发展战略（以下简称"战略"），以指导未来实施的各种活动。战略为国际林联管理层、各级任职人员和总部提供了有效应对林业、社会趋势变化和应对新形势准备的行动框架。

战略起草历时两年多，各方广泛参与，讨论过程中充分吸收了林联内外不同群体和各利益相关方的建议，包括独立评审委员会以及林联在其重大活动期间组织的各种磋商或战略对话中提出的意见建议等。根据讨论结果，相较于以往的战略，对林联的愿景、核心价值观和机构发展方针做了修改，但关于机构使命的描述保持不变。

为落实战略和跟踪实施进程，还制定了一项战略行动计划。该计划包含 50 多项具体行动，旨在推动国际林联管理层、各级任职人员和总部在 2020—2024 年的 5 年期间高效实现各项战略方针和目标。

二、形势变化与需求

全球层面上，日益增长的世界人口与资源密集型的生活方式相叠加给森林和树木带来与日俱增的压力。气候变化、环境持续退化、城市化、全球化、数字化和消费模式的变化发展很有可能会进一步加剧这些压力。当前世界比以往任何时候都更加迫切地需要采取行动，加快从化石经济向以可再生资源和自然为基础的发展方式转型。

森林层面上，全球的繁荣福祉取决于生态系统的生产力和稳定性及其所带来的生态系统服务。森林覆盖世界陆地面积的 30% 以上，并提供了诸多关乎人类福祉和生计的重要生态系统服务。森林与其他系统互联互通，绝不能将其孤立看待。在毁林和森林退化发生的同时，全球挑战和各种威胁也对森林的社会、文化、生态及经济功能造成了影响，甚至损害了人们的生计、健康和生活质量。充分发掘森林和树木的潜力，推动可持续发展，尽量避免或减少对森林胁迫的呼声日益增长。

政策层面上，2015 年通过的《联合国 2030 年可持续发展议程》及其可持续发展目标（SDGs）为应对包括森林和树木在内等发展挑战提供了全球性框架。17 个可持续发展目标及其众多子目标都试图在经济、社会和环境等互相关联的可持续发展领域倡导包容性发展。同时，许多与森林相关的国际承诺，比如《巴黎气候协定》以及即将通过的 2020 年后全球生物多样性框架和联合国森林战略规划（2017—2030 年）中的全球森林目标正在逐一落实，有望为今后的相关行动提供借鉴。

科学层面上，上述这些雄心勃勃的协定、框架、目标的成功实施，离不开高质量、最前沿、最专业的科学依据和创新工作的支撑。这对学术界是一项重大挑战，一方面要帮助人们深化对各种错综复杂的森林相关问题的理解和把握；另一方面要设法为解决这些问题提供更持久有效的解决方案。林业科研人员有能力并且也已经提出了应对社会重大挑战的可行方案，但是这些方案需要被接纳，意味着决策者和从业人员需要更多地倾听科学家的声音，并向世界各地高效传播这些声音。此外，为充分掌握促使森林和社会之间、生态系统及其为人类提供的服务之间的关系发生变化的驱动因素，需要加强跨学科和跨区域的科研合作，同时提高各地本身的研究能力。

此外，不仅森林科学，各门科学都面临着诸多威胁。越来越多的虚假信息通过网络和社交媒体传播，给科学本身和人们有效汲取科学知识带来了前所未有的挑战，可能造成科学被轻视或滥用等不良后果。科学的透明度、独立性、开放性、包容性、公平性、完整性和科研质量从未像现在如此重要。

三、国际林联的作用及其主题方向

国际林联作为全球唯一的林业科学合作网络组织，将持续完善科学知识库，为应对威胁可持续发展和人类福祉的各种挑战提供支撑。

应对这些重要挑战需要持续促进全球合作，共同开展与林业相关的科研合作，并为学术界、决策者、利益相关方和公众提供客观、独立的科学证据。实现这一切的核心根基是雄厚卓越的学术实力，这意味着追求最高标准的学术质量和影响力，而这正是国际林联的价值所在！

国际林联借助其独一无二的成员网络和旗下一众致力于创造、交流和传播科学知识的科学家为全球林业科学发声。为有效应对森林和社会发展模式的变化，国际林联致力于以前瞻性眼光解决新问题、推动跨学科合作、提高科学合作能力，并努力促进涉及森林和树木的教育。

为应对森林和社会面临的最紧迫的挑战和风险，国际林联将重点围绕 5 个主题开展工作和合作：森林与人类福祉，森林与气候变化，森林和林产品创造绿色未来，生物多样性、生态系统服务和生物入侵，以及森林、土壤和水的相互作用。这些工作方向都与《2030 年可持续发展议程》中的可持续发展目标密切相关。该议程是指导未来 10 年与森林相关政策进程的全球框架，也顺理成章地为国际林联的未来战略发展提供了方向。

(一) 森林与人类福祉

该主题关切森林与体现为个人或社区的社会之间关系的关键维度和主要挑战，以及支持人民生计和生活质量的制度安排 (对应可持续发展目标 1、2、3、4、5、10、11、15、16)。

(二) 森林与气候变化

该主题关切气候变化对森林的影响，以及如何提高森林的顺应力和适应能力。气候变化是全球性挑战，跨越国界影响着每一个大陆上的每一片森林。全球气温不断上升，部分地区极端天气和恶劣气候事件频发，压力和干扰也日渐增加。这些对森林的影响也作用于人类的福祉和健康，因此需要有效的减缓和适应气候变化的策略（对应可持续发展目标 6、7、13、15）。

（三）森林和林产品创造绿色未来

该主题关切木材和林产品的供应以及如何改善现有的生物基质林产品的环境绩效，包括发挥森林作为可再生能源来源的源头作用，以及在生产以森林为基础的创新型产品方面的潜力作用（对应可持续发展目标 8、9、11、12、15）。

（四）生物多样性、生态系统服务和生物入侵

该主题关切如何预防和减缓各种生态系统和生态景观中的生物多样性丧失问题，以及如何完善经营管理制度，使之有利于生物多样性的增长和控制生物入侵（对应可持续发展目标 2、3、14、15）。

（五）森林、土壤和水的相互作用

该主题关切森林尤其是天然林在保障人类供水以及提供生态产品和服务方面所做的贡献（对应可持续发展目标 6、15）。

四、愿　景

在全球范围内为促进森林和社会的未来可持续发展的林业科学发声。

五、使　命

国际林联的使命是通过促进科学进步和知识共享，针对森林相关问题制定科学的解决方案，造福全世界的森林和人民。

六、角色定位

国际林联是全球性林业科研合作网络，向所有从事林业研究和相关学科研究的个人和组织开放。国际林联作为一个非营利性、非政府和无差别待遇的国际组织，拥有悠久的历史，可回溯至 1892 年。

国际林联通过拓展联络开展各种创造、交流和传播科学知识和实践经验的活动，为科研人员和相关机构提供有助于提升其研究能力的相关信息和帮助。

七、核心价值观

国际林联的核心价值观可概括为追求卓越、纵横联合、崇尚多元和坚持诚信。体现这些核心价值观的具体行为准则如下：

（一）追求卓越

国际林联追求最高质量、符合最高专业标准的工作和工作产出。它在传播科学认知时力求精准，甚至阐述其中内含的不确定性时也要做到丝毫无误；它在开展宣传工作时一丝不苟，确保全面反映当代最高精尖的科学发现。

（二）纵横联合

国际林联为各成员机构和科研人员孕育了最富有成效的林业科研合作关系，促进信息和资源共享。它致力于为政策制定者和全球公众获取科学知识并从科学中获益提供便利渠道。

（三）崇尚多元

国际林联尊重和欢迎性别、文化、种族或社会出身以及任何个人取向的多元化，并反对一切形式的歧视。国际林联包容接受世界任何一个地方的立场观点和方式方法。

（四）坚持诚信

国际林联秉持公正、科学的最高道德标准，致力于促进透明、自主、独立思考和开放参与。以国际林联名义开展的行动必须体现最高标准的个人诚信。

八、机构发展方针

国际林联在制定机构发展方针的过程中秉持并践行了其核心价值观。在这个框架体系内，国际林联的机构发展方针和主题方向在逻辑上一脉相承：无论是解决当前与森林相关的各种问题，还是满足未来的多种需求，最先进的科学知识必不可少。只有能力俱备、相关学科皆参与其中并有效地锁定新问题，才能奠定科学研究方面的卓越地位。通过纵横联合、拓宽合作网络，这种卓越地位才能在地区和全球的水平上进一步得到提升和巩固。卓越的科研水平加上不断拓宽的合作网络，将会赋予国际林联强大的影响力和国际形象，使其能够吸引更多的合作伙伴和捐资机构。每一项机构发展方针都包含若干目标和相关行动，为国际林联管理层、各级任职人员和执行总部提供指导。这些将体现在所有内部操作规程和文件中。

（一）卓越的科研水平：高质量、重大关切和协同效应

国际林联在全球林业科学领域的领先地位已获公认并备受肯定。针对当前世界面临的多种生物物理、社会和经济问题，国际林联工作的主题结构为增进相关知识并促进先进研究水平的发展提供了一个全面覆盖的框架。为保持并进一步夯实其全球领先地位，国际林联将努力提升科学合作能力，以前瞻性眼光应对新兴问题，并加强与其他相关学科的合作。

1. 提升高质量的科研能力

要提高科学研究的严谨性、及时性和实用性，需要全球各地包括经济落后地区的科研人员和研究机构具备足够的能力。通过加强科学交流和研究合作可以提高这一能力。

2. 确定新兴研究领域

精准确定国际林联的战略定位需要对新兴问题采取开放的态度，并重点关注有必要积极参与的领域。

3. 加强跨学科合作

全球与森林相关的亟待解决的各种环境、社会和经济问题，跨越了政治领域和学科壁垒。跨学科合作不仅对于解决当前的研究问题至关重要，同时还为林业相关科学未来的多元化发展开辟了道路。

（二）互联合作：增进沟通、包容多元

为了森林、科学和人类，国际林联致力于促进互联合作，加强学科内部和跨学科之间

的科学知识共享、交流和应用。本合作网络的价值体现在国际林联旗下招揽吸纳的全球一众各有所长的成员机构、任职专家和科研人员积极参与国际林联工作并相互合作。为此，国际林联将努力进一步促进本合作网络内的沟通交流，并进一步倡导多元化，扩大成员队伍。

1. 加强内部沟通交流

国际林联高效的内部沟通交流对于通过顺畅渠道分享信息、推动学科融合以及产出优秀、科学的可持续发展方案至关重要。

2. 进一步推动国际林联成员的多元化

科学家在平等的(性别、文化、年龄和地域)条件下(公平地)参与国际林联有关事务是保证其科学合作符合重大关切和高质量发展的先决条件。这样才能从不同角度来审视研究课题以及林业科学的应用。

3. 扩大和巩固成员基础

国际林联的实力由其成员构成。它们使科研人员能够积极参与国际林联的互联合作活动，提供必不可少的资金和实物支持，为提升国际林联的显示度作出了重要贡献。在进一步提升各成员在国际林联工作中的参与度和扩大成员基础方面仍存在巨大的潜力空间。

(三)影响力：增强显示度，加强外联推广和教育

在为与森林和社会相关的全球进程持续提供科技投入和政策支持方面，国际林联已奠定其作为领先的知识机构的地位。国际林联的研究网络和活动，包括在对接科学与社会(政策)方面的工作，确保我们的合作伙伴和利益相关方能够获得解决世界林业所面临的最复杂棘手的问题和挑战的最佳科学方案。这种外向型的模式将进一步增强国际林联对政策制定者和利益相关者的吸引力。国际林联还致力于加强全球林业教育，以增强下一代应对复杂挑战的能力。

1. 进一步增强国际林联对决策过程的影响力

国际林联创造的科学知识使其合作伙伴和利益相关方能够运用这些成果来满足新的政策需求。

2. 加强科学与社会之间的相互作用

政策制定者和从业者采纳并运用科学信息是社会进程的其中一个环节，这在很大程度上取决于能否在利益相关方之间建立互信。因此，我们需要追求高质量的科学解决方案，开展有效的沟通和全球合作。

3. 加强全球林业教育

深化对综合性林业教育课程的认识并制定相关课程，以应对林业部门将会持续面对的复杂挑战和发展机遇。

(翻译：王彦尊；校对、编辑：陈玉洁)

面向可持续发展的林业研究与合作
——国际林联第 25 届世界大会成果集萃

国际林联学部研究前沿

森林培育国际研究进展与趋势

徐大平

（中国林科院热带林业研究所）

温带针叶林最先在世界范围内推广种植，并于两个世纪前在欧洲的德国等国家达到发展高峰，20 世纪在美国以南方松为代表得到广泛的发展，随后以中国杉木和南半球辐射松为主的大面积种植得到进一步发展。20 世纪后期，很多科学研究对针叶树单一树种人工林发展提出质疑，主要是围绕多代经营后土壤肥力下降明显、地力衰退等问题广泛讨论。随后温带阔叶林在欧亚大陆、美洲和其他地方得到发展，它们对提高生物多样性具有突出作用，并且具有多种生态系统服务功能。例如，一些橡树可以栖息近 500 种动植物，在许多国家，这些树种被作为高品质木材来管理，主要用于木柴、酒桶、松露、建筑材料、蘑菇、软木塞、饲料生产等。从生态和管理的角度来看，有些橡树树种相对不为人知。温带阔叶林多位于与农田和水相连的城区附近，因而这些地方是我们最青睐的森林休闲地之一，可用于娱乐游憩，并且能够提供文化/历史价值。这些森林的可持续管理作为全球性问题，与许多环境和发展战略密切相关，同时也吸引了政府大量资金投入。"落叶阔叶林的造林与森林经营"技术分会有 7 个报告，主要包括北美橡树林持续经营更新潜力、以答控草食性动物以避免啃食树木经营目标的森林经验方法回顾、欧洲温带天然橡树林林火管理潜力、喜马拉雅山西部橡树林的更新与保护、富集凋落物对橡树林活力及生长的影响、罗马尼亚南部匈牙利栎幼林的生态和经营、欧洲山毛榉天然更新林的预间伐—间伐模式、林分密度和修枝对树木生长和干形质量的影响等内容。

由中国林科院亚热带林业研究所姜景民研究员和刘军副研究员共同牵头组织的"高价值楝科的管理与科学进展"技术分会共有来自中国、美国、巴西、澳大利亚、秘鲁、加纳和乌干达等国家的 20 余人参加，作口头报告 6 个。该分会就楝科植物在全球分布和研究利用现状以及楝科植物未来发展方向等研究和产业发展情况进行了交流。巴西福斯特森林咨询公司爱德华多博士介绍了红椿引种、优树选择、扦插繁殖等情况，并探讨了 Logistic 回归模型在红椿遗传改良中的应用。拉瓦拉斯联邦大学塞巴斯蒂安教授围绕未来气候变化，特别是干旱对红椿种源生长和生理的影响，确定了高生产力和抗旱性较好的红椿种源。江西农业大学张露教授介绍了凋落物对毛红椿种子萌发和幼苗生长的影响，揭示了凋落物对毛红椿天然更新的限制机制。中国林科院热带林业研究仲崇禄研究员重点介绍了来自亚洲地区麻楝属 23 个亚群体的遗传多样性，并利用分子结构和形态性状把 23 个亚群体分为 2 个不同的生物分类群。最后一个报告，来自秘鲁亚马孙研究所的 Wilson F. G. Arevalo 先生做的《生物制剂在防治蛀干害虫中的应用》，此报告的部分内容是以印楝作为砧木，嫁接红椿（*Toona ciliata*）或南美香椿（*Cedrela odorata*），试图利用印楝天然防虫功能来防治上部嫁接的楝科植物蛀干害虫(如 *Hypsipyla grandella*)危害，这是一项新颖的研究，已在苗圃测试，效果较好，但仍需要进一步释放至野外验证。如果此方法可行，将利于红椿、麻楝等重要种质资源的保存和利用。最近，许多物种(如桃花心木、非洲桃花心木、澳大利亚红椿、楝类)在世界各地广泛种植。分会分享了非洲桃花心木人工林间伐经验，揭示了非洲桃花心木在斯里兰卡的种源生长和干形变异特点，并展示了非洲桃花心木、美洲桃花心木及澳洲红椿在巴西种植试验及应用前景，为将来合作奠定了基础。

矮林作业是一种有着千年传统的可持续管理模式，有助于维持农村生计、生物经济、环境和保护文化遗产。由于社会需求的变化和新技术的发展，矮林作业经过几个世纪的衰退或转化，目前全世界都更倾向于关注木材生产方面的用途以及生态和文化服务。"传统矮林作业：生态学、经济与生态系统服务"技术分会涉及与传统矮林有关的各方面问题，包括生态、造林和管理、利用、生态系统服务、供应链发展、社会经济等问题。本分会场在共性问题和区域差异的背景下，探讨了历史、现在和将来的发展。本分会会议上次是在德国弗莱堡召开。本分会场呼应了大会主题"森林造福人类"及"森林和林产品创造绿色未来"，强调森林与生计和重点地区重视森林及其生态系统服务，符合国际林联2015—2019年战略。发言主要内容包括罗马尼亚西北地区刺槐根蘖林的早期生长发育、间伐作业对林分结构变化的影响、欧洲未来矮林经营面临的挑战和选择、山毛榉矮林生物量分配及碳汇潜力，报告证实了欧洲传统矮林作业可恢复林分的生物多样性。

单一树种造林技术已在全世界深入发展，主导了热带和温带地区的研究，因为与混交林相比有一些优势，如资源集中在单一品种上，简明的种苗生产、人工林种植和管理活动，以及生产单一的目标产品等。然而，纯林正在受到前所未有的批评，因其对环境有负面影响，提供的环境服务有限，以及没有提供传统上当地民众从天然森林中获取的森林产品和服务。在热带和温带地区，缺少对混交林的全面综合研究，缺乏技术和有据可查的经验积累。这次分会对热带和温带地区天然林和人工混交林，做了最新研究进展交流。"混合树种森林和人工林：知识差距和研究重点"技术分会有如下11个报告，包括多树种混交林评价体系、混交林与纯林竞争模式(证实这种模式是随时间和环境条件变化而改变的)、挪威云杉与欧洲落叶松混交林主要林分特征、欧洲混交林和纯林中的细根土壤特点研发、马占相思林和桉树混交林地下的氮传输、以幼林为研究对象研究了树木多样性和施肥量对地上和地下生物量生产的影响、混交林生产力与多样性的关系、以增加阿拉斯加沿海热带雨林的树种多样性和生态系统服务功能的森林经营策略、基于欧洲三线法的混交林风险弹性管理、气候变化背景下混交林对昆虫及食草动物的抗性、混交林与人工林认识差距与研究重点等内容。主题报告和分会场报告一再强调，无论是生态系统经营管理、森林多目标经营管理还是近自然经营管理，多树种混交经营都是一种寻求绿色发展的模式。要求对单一树种的大面积人工林进行尽可能地混交化改造，利用乡土树种天然更新的自然优势，转变为多目标的目标树经营模式，在生产更多大径级优质木材的同时，减少林分经营的强度和碳投入，提供更好的生态服务功能。主题报告中加拿大的"母亲树"项目令人印象深刻，长时期多代的皆伐使树木越来越小，留下一些树木的择伐使得留下的树木变为后来树木的母亲，通过地下根系、凋落物和微生物体系，把营养物质和碳转移给后来的树木，哺育后代的树木生长得更好更健康，颠覆了"母亲树"只是播种的狭义观念。德国在针叶树纯林中开天窗引进阔叶树的混交化改造模式是德国近自然林业经营的最好诠释。

关于林牧草系统的讨论和经验交流，重点是树木组成部分在林牧这一系统中的作用、未来的结果、可能性和挑战。特别是在讨论畜牧业在气候变化中的作用时，畜牧系统获得了越来越多的空间。新技术的采用如何使畜牧业更具可持续性？在减缓气候变化的条件下，如何解决林业和畜牧业共存的矛盾？这种变化关键点在于营造的树木，这种人工林必须建立在科学基础之上。为此，不能像对待短期轮作林业或恢复林业那样对待树木，值得我们对树木组成成分及其在畜牧业中的作用开展深入研究。本分会主要报告是来自南美洲巴西、乌拉圭、哥伦比亚等国外专家关于林牧草复合经营研究，倡导林-牧-草体系合理经营和可持续协调发展。

林木种质资源及遗传育种国际研究进展、趋势与对策

郑勇奇　黄平　宗亦臣　饶国栋　丁昌俊　段爱国

(中国林科院林业研究所)

一、林木遗传育种研究新进展、新趋势

(一) 林木种质资源收集、保存与分析评价

林木种质资源是物种多样性和种内遗传多样性的载体物质，是林木遗传育种、良种选育的基础资源，同时也决定着物种的适应生存能力。林木种质资源收集、保存与分析评价不仅是生物多样性保护工作中的基础工作，对于林木遗传育种也具有重要意义。

开展森林遗传资源调查与保护、种质资源的收集与保存工作仍是一些森林资源丰富的发展中国家的重点任务，例如印度喜马拉雅山区、中国西南地区等。具体工作包括：摸清森林遗传资源保护情况，建立原地、异地和设施保存体系，开展种子生物学研究，如种子耐脱水特性、种子萌发与休眠等；研制重点树种长期安全保存的技术体系，如低温干燥保存、超低温保存等；制定林木种质资源优先保护策略；等等。

另外，开展分析评价工作是林木种质资源高效利用的前提。林木资源分布广泛，表型变异丰富，树木的形态变化也是环境与遗传因子共同作用的结果。因此，分析评价树木形态变异对于测试预测表型可塑性的功能或适应性的生态和进化模型是至关重要的，特别是纬度梯度、海拔梯度上的表型可塑性评价与预测，对于林木引种和育种工作都具有指导意义。除了表型变异，遗传变异是林木种质资源多样性的本质，有效利用现代生物学、信息学的研究方法与基础数据，如分子标记技术、地理信息系统(GIS)、数学建模以及基因组测序等，研究濒危林木系统发生、群体遗传多样性、濒危生物学机制以及环境适应性，开展具有潜在经济价值林木(如珍贵用材、芳香类提取物等)种质资源分析评价，为进一步开展林木育种工作提供基础数据。

(二) 种源/无性系选择与森林生产力维系

环境与遗传因子共同决定了森林的稳定性与生产力，研究环境与遗传因子互作对于维系资源缺乏地区的森林生产力、降低树木死亡风险至关重要。巴西学者以桉树等主要用材树种为例，开展了大尺度的无性系的环境适应性试验，以及与碳分配、水分利用、优良根系动态和气孔行为相关的生态生理学研究，为某些无性系的抗逆性与高产提供了解释与证明；也有学者通过 GIS 平台，确定遗传与环境策略，开展桉树遗传选择与育种实践，以期准确估计育种价值，最大化捕获缺失表型遗传力，从而实现高质量的精准育种。基于过程的模型可用于评估树木潜在产量，寻找木材产量的限制因子。以巴西的桉树为例，研究发

现影响产量差异的首要限制因子是水分，因而可能的对策是选用耐旱基因型树种，采用更开放种植间距，以及改善水分渗透与根系深度生长的土壤措施，适当的肥料管理、更好地控制基因型与环境相互作用等，以减少地区间的产量差距。基于过程的模型能够评估环境、管理对桉树产量的影响，是很有价值的决策支持工具，进而制定合适的森林经营和管理方案。

(三) 林木基因组与生物技术

目前所知林木物种的基因组信息十分有限，究其原因是林木基因组庞大、高杂合度和高重复序列。随着新测序技术的发展，对非模式木本植物基因组的测序成为可能。通过 NGS 测序、Pacbio 长片段测序以及 Hi-C 辅助组装等研究手段开展复杂林木物种基因组组装是林木基因组研究的热点。随着测序成本降低，大量非模式木本植物基因组信息将被解码，如巴西坚果（*Bertholletia excelsa*）、文冠果（*Xanthoceras sorbifolia*）等，这对于开展林木遗传资源保护、林木遗传育种、林木品种培育工作具有重要意义。此外，以转录组、蛋白组、代谢组等为基础的多组学分析已然为发掘林木复杂性状（如树木生长与休眠、木质素合成、花器官发育）决定性遗传因子提供了有效方法，结合基因编辑等分子生物学技术，解析其分子调控过程，可为深入理解林木性状分子机理提供科学依据，也可为林木精准育种提供重要科学依据。

(四) 基因组学与林木育种

林木育种既是满足人类生存需求，也是实现林业可持续发展的基础。林木育种存在育种周期长、产量提升慢等特点，如何提高育种效率、缩短育种周期是林木遗传育种需要解决的首要问题。基因组选择被认为是林木育种工作的加速器，也是增加遗传增益的推进器，以挪威云杉（*Pice aabies*）为例，基于多子代基因组选择对于木材密度、弹性模量等性状的预测能力，结合 SilviScan 技术和两种间接选择方法（Hitmann 和 Pylodin）可提高半同胞子代的选择效率。希腊专家通过遗传学、表观遗传学和代谢组学，在研究欧洲红豆杉有效成分的选择中取得了进展，这也是利用多组学联合分析方法，以群体为研究对象，阐明次生代谢合成生物合成过程、实现特异种质选育的案例。林木性状往往较为复杂，不仅与环境因子相关，还涉及多基因联合效应。巴西专家以桉树为例，利用基因组数据与数量遗传学方法开展了复杂性状的基因组预测相关研究，开发出使用方便、经济实惠的育种芯片，可为桉树提供高密度的基因分型研究，由此开发出来的平台已成功应用于巴西的桉树育种项目，利用基因组选择匹配高精度的表型选择方法对生长、木材等复杂性状开展选择与预测。通过增加选择密度，提升了桉树育种过程中的遗传增益，促进了育种值的有效提升。在原有开发出来的 EuCHIP60K SNP 芯片基础上，巴西科学家又建立了第二代 SNP 芯片——"ESAI65kSNP 基因型芯片"，目的是提升芯片的可使用性，降低使用成本，该芯片可实现超过 500000 个 SNP 筛选。

(五) 林木遗传资源管理与保护

林木遗传资源管理与保护是林木遗传育种工作最为前端或上游的工作，也是最基础的工作之一。由于气候变化、人类活动、病虫害以及树木自身适应性等多重因素的共同作用，大量的林木物种、种群遭受了遗传退化，使得部分林木种群面临的选择压力风险提升。通过开展森林资源取样设计研究，准确评估物种水平遗传侵蚀或者种群水平灭绝可能是准确管理林木遗传资源、保护脆弱性物种和种群的有效方法。美国实施的 CAPTURE（Conservation Assessment and Prioritization of Forest Trees Under Risk of Extirpation）项目是以数据为驱动力、专家经验为指导的一项森林遗传资源保护项目，对不同林木遗传资源进行分组分级，编制不同的优先保护策略，为将来实施异地保存提供科学依据，这是值得我们借鉴的经验。欧洲学者以山毛榉（Fagus orientalis）为例，利用微卫星标记技术实施了种群遗传多样性监测，研究结果不仅提供了该物种种群发展动态的基线，这种连续监测如能持续获取有效数据，对于估计种群进化潜力有重要意义。森林恢复过程中要用到大量林木种质资源，这些资源的遗传多样性是决定森林适应的基础。因此，在造林之前对于林木种子多样性的监测就十分必要了。斯洛文尼亚专家介绍了他们如何依据《森林繁殖材料法案》（Forest Reproductive Material Act），利用分子标记技术，开展造林材料多样性监测与种子来源鉴定。捷克的欧洲落叶松（Larix decidua）案例，证实了林木遗传资源管理也是提升森林质量过程中不可忽视的一个环节，同时欧洲发达国家已开始森林遗传监测系统项目建设，以支持欧洲林业健康高质量发展。

（六）乡土树种保护、驯化与育种

乡土树种是支持当地林业发展的重要资源，特别是在一些育种不发达的发展中国家，如何保护乡土树种种质资源、开展树木引种与驯化是开展系统性育种工作的基础。由于过度开发与砍伐以及保存措施的缺位，大量乡土树种群体与存量急剧减少，近年来，森林恢复也成为了各国关注的热点。尽管如此，森林恢复中使用了超过 90% 的外来树种，这对于原生生态环境的维系造成了威胁，也给乡土树种带来了巨大的竞争压力。菲律宾介绍了其实施的 TFTF 项目（Tree For The Future），为恢复和提高乡土树种种群数量与存量做出了样板。项目实施至今，已经在 16 个区域内种植了超过 8000 个受威胁树种，存活率超过 90%。乡土树种利用是增加农民收入的重要途径，如何实现资源保护与可持续利用是林业可持续发展要思考的问题。乌拉圭专家介绍了将高价值乡土树种驯化，作为一种缩短育种周期的途径和获取开放合作机会的战略，为改善种子苗木生产、森林物种多样性以及小规模林业生产等作出了贡献。

二、讨论与建议

（一）重视和加强种质资源的保护与利用

种质是生物从亲代传递给子代的遗传物质。种质资源是指可用于繁殖或育种的、来自植物、动物、微生物或其他来源的任何含有遗传功能单位的材料。林木种质资源泛指所有木本植物的种质资源，它包括所有木本植物，即乔木、灌木、木本花卉、竹类和木质藤本植物的遗传材料，具体包括生殖器官（如花粉、种子、果实）、营养器官（如接穗、插条、根茎等）等。

一个基因可以改变一个产业，一粒种子可以改变一个世界，种质资源决定产业的命脉。提升我国种业的核心竞争力主要靠品种的创新，而品种创新的关键则是占有尽可能多的优异种质资源，并加以充分发掘利用。林以种为本，种以质为先。可以说林木种苗是林业的芯片，种质资源则是林木种苗的芯片，种质资源是新优品种选育的前提和基础。丰富的遗传多样性或变异是物种进化和适应未来变化的源泉，也是品种改良的前提，可为人类培育适应范围广、满足多种用途的品种提供基础材料。中国拥有林木(乔木、灌木、竹、藤)物种 8000 多种，其中乔木约 2000 种，分别占世界总数的 54% 和 24%。在木本植物中，有重要经济价值的树种约 1000 种，主要包括用材树种、经济树种、防护树种、园林树种、能源树种、竹藤物种等，丰富的树种资源及其种内遗传多样性为森林资源培育、林业生态建设和产业发展奠定了坚实基础。因此，对于林木种质资源的挖掘与创新利用，对国家生物种质资源战略目标实现和国家发展大局，以及对提高国家核心竞争力、赢得生物经济时代的主动权均具有重大的战略意义。

林木种质资源是种苗产业链的最前端和起始环节，支撑下游良种选育和品种产业化各个环节。传统的林木遗传育种项目通常始于优树选择和收集，且以少数特定性状为育种目标，进行定向改良，优树种质资源仅能代表整个物种的小部分遗传多样性。长期定向育种，势必导致遗传侵蚀，生物多样性降低。因此，在开始定向育种之前，进行种质资源的广泛收集，以遗传多样性为目标，尽可能多地收集不同性状的基因资源，通过发掘特殊基因，创制新种质，为产业链下游的育种、改良和品种创新提供支撑，且不受定向育种目标的限制。把种质资源的收集保存和发掘作为种苗产业链上的起始环节和上游基础工作，对下游的遗传改良和品种创新提供更广泛、更牢固的支撑，为长期持续支撑育种项目提供源源不断的创新源泉。

(二) 与国外差距犹存

自 1949 年特别是改革开放以来，我国林业种业发展已取得了巨大成绩。我国林业的每一次突破和跨越，也都是以良种革命为先导。目前，国家、地方认定的林木良种总数多达 5000 多个，其中大多数已经在全国林木种质资源保存单位和良种基地得到推广应用，推广面积 200 多万亩，苗木 200 亿株以上。林木良种在生产上的应用产生了明显的综合增益，其中用材林平均生长增益达 10%~30%，经济林平均产量增益达 15%~68%。

然而，我国林业种业仍是发达国家对我国进行科技入侵的主战场，目前占据我国种业市场的外国品种比比皆是，发达国家不仅在我国种业中攫取了超额利润，而且梦想以此控制我国国家安全的命脉。如国外的松树、桉树等用材树种，猕猴桃、樱桃、蓝莓等果用树种，樱花、月季、菊花等花卉品种常年在国内市场垄断经销，并获取巨额利润，我国销售商正处在不得不用的尴尬境地。我国 8000 多种木本植物中，被深度挖掘和广泛利用的树种不足 50 种，占比 1/160，被一般栽培利用的树种不到 400 种，占比 5/100，远远落后于欧美国家的利用程度。

种质资源的挖掘与创新利用，是通过各种技术手段，对收集保存的种质资源进行评价分析和精准鉴定，利用基因组学、DNA 芯片、生物信息学等高新技术，筛选速生、丰产、优质、抗逆、多彩等具有关键性状的特异种质，并进行基因型和基因的精准鉴定，挖掘其特殊价值，拓宽育种项目的遗传基础，通过杂交或远缘杂交，创制新的种质、创制具有突出性状的优良育种新材料、且有可能获得突破性新品种。随着生物技术的进步，种质创新技术也在不断发展，单倍体法、物理和化学诱变等方法在种质创新中也广泛应用，分子标记辅助选择技术的发展对种质创新起到了促进作用，极大地提高了品种间、种间，甚至属间的基因流动以及特定基因的识别和选择。

（三）问题与对策

1. 种质资源基础研究不足

林木种质资源的基础研究是揭示重要性状的遗传规律、发掘优良基因、突破育种技术、创制优良品种的前提。当前，我国林木种质资源的基础研究还很薄弱，尤其是我国特有林木种质资源，其遗传演化规律、优异种质资源的精准鉴定、优良亲本选择的遗传基础等基础问题尚未解决，育种和改良工作无从开展，严重制约了相关产业的发展。现代信息技术、生物技术应用还远远不够，对特异性种质的深入挖掘不足、机理不清等问题突出。特色资源形成的特殊原理研究不够，特色优势转化为特色产业的技术研发不足，导致特色资源难以转化为产业优势和经济优势。我国现有的 10 万余份林木种质资源中开展深度发掘的不足 1%，新资源发现后往往以保存为终点，并没有开展相应的跟踪研究。

2. 对策建议

（1）以问题为导向，针对林业生产和种业发展中的关键问题，从丰富的林木种质资源中鉴定和筛选出与解决这些关键问题相应的资源、培育突破性新品种，是已被证明的有效途径。因此，对林木种质资源开展深度挖掘和精准鉴定，挖掘优异基因，创制突破性种质，可为培育突破性的品种提供支撑，从而解决我国林业发展面临的一些重大问题。

（2）未来林业种业的自主创新应以我国丰富的林木种质资源为基础，重视基础理论的突破，鉴别一批具有重大育种价值的基因，利用创新育种技术，选育适合现代种业模式的优质新品种，这也是实现我国种业产业转型升级、适应国际竞争和开拓国际市场的必然选择。只有这样才能充分发挥林木种质资源在支撑现代种业发展中的重要作用，提升林业种业核心竞争力。

（3）围绕林业产业发展、生态文明建设和乡村振兴等国家重大战略需求，建立完善的林木种质资源保存与利用体系；加强种质资源的收集保存，使我国珍稀、野生资源得到有效收集和保护；强化种质资源的创新利用，攻克一批关键技术，挖掘一批有重要育种应用价值的优异种质资源与基因，创造一批商业育种急需的新种质；全面构建由种质资源保存库（圃）、原生境保护点、鉴定评价（分）中心、信息网络平台组成的全国生物种质资源研究与共享利用平台；形成产、学、研协调统一的良性发展局面，充分发挥林木种质资源的生态、经济、社会和生物多样性等多种效益，实现从以遗传多样性为特色的林木种质资源大国向以新品种、栽培利用专利技术等自主知识产权为主体的林木种质资源强国的转变。

3. 具体措施

（1）对收集保存的林木种质资源，系统开展全基因组测序，构建基于网络的基因资源数字库，为育种项目提供基础样本材料和基因组数据。进行种质资源深度挖掘和基因发掘与鉴定，进行新种质创制，为育种项目增添新的基因资源，用于规模化扩繁或作为育种亲本，支撑长期育种项目。

（2）筛选一批重点速生丰产林树种，进行生长速度和生长量等关键经济性状的基因发掘与鉴定，利用已有的优良种质进行新种质创制，为相应树种的育种项目增添新的基因资源，用于规模化扩繁或作为育种亲本，支撑长期育种项目。

（3）对重点树种，进行生长和材性等关键经济性状的基因发掘与鉴定，利用已有的优良种质进行新种质创制，为相应树种的育种项目增添新的基因资源，用于规模化扩繁或作为育种亲本，支撑长期育种项目。

（4）采用最新的全基因组测序技术，对国家林木种质资源库的丰富资源，开展批量基因组测序，构建基于网络的基因资源数字库；运用大数据和人工智能技术，进行基因组精准鉴定，实现对种质资源的深度挖掘。

森林经营相关领域国际研究进展

张会儒　符利勇　纪平　张怀清　等
（中国林科院资源信息研究所）

针对国际林联第 25 届世界大会参会代表的主题报告、分会场报告和墙报，本文对森林经营、森林生长收获预估模型、三维可视化模拟以及人工智能和大数据等领域的国际发展状况和未来发展趋势进行了综合概括。

一、森林经营新进展与趋势

森林经营是森林植被培育计划在整个森林生长周期的实施，以培育健康稳定、优质高效的森林生态系统为目标，旨在精准提高森林质量，增强森林多种功能，持续获取森林的供给、调节、服务、支持等生态产品而开展的一系列技术措施。森林经营的理论、技术与森林经理学的发展密不可分。森林经理学是研究如何有效地组织森林经营活动的应用基础理论、技术及其工艺的一门科学。它的内容包括通过森林资源调查监测获取森林资源和生态状况，揭示森林的生长、发育和演替规律，预测短期和中期的变化。根据自然的可能和人们的需求，科学地进行森林功能区划，在一个可以预见的时期内（例如一年、一个或几个作业期），制定年度、短期和中长期计划和规划，在时间和空间上组织安排森林的各个分区的各种经营活动（例如更新、抚育、主伐、土壤管理等），以调整森林结构、培育健康稳定高效的森林生态系统，最大限度地发挥森林的供给、服务、调节和支持功能。永续利用是最早的森林经营理论。17 世纪中叶，法国率先颁布了《森林与水法令》，明确规定森林经营原则是，既要满足木材生产，又不得影响自然更新。木材生产的极限和永续利用首次被列入国家法规。直到 20 世纪 80 年代起，在斯德哥尔摩和里约联合国环境与发展大会上，提出森林可持续经营概念和《关于森林问题的原则声明》，彻底改变了人们对森林问题的认识。森林经营的基本原则已经由"木材永续利用"转变为"森林可持续经营"，或称为现代森林经营。与此同时，世界主要林业国家，根据自己国家的实际情况，提出了各自的森林经营体系，例如美国的"生态系统经营"、欧洲的"近自然经营"、加拿大的"基于自然干扰的森林经营"和"母亲树经营"等。

总的来说，国际上森林经营转向以建立健康、稳定、高效的森林生态系统为目标，可持续森林经营仍然是指导森林经营的基本理论，但面对全球气候变化的挑战，在向多功能适应性经营方向发展时，如何协调不同经营目标如木材生产、生物多样性保护、碳吸存、水土保持等之间的冲突，实现森林供给、服务、支持和调节功能的最大化，仍是研究热点。森林经营方式呈现出严格保护、近自然多功能经营、短轮伐期经营等多样化的趋势。混交异龄林经营继续得到重视，北美提出了在保护和增加森林结构复杂性及生态系统基础上的营林方法，欧洲继续推进近自然森林经营技术研究和应用，并对森林不同功能与结构要素之间的关系开展了相关研究。应对气候变化的适应性森林经营已成为一个新的领域。北美、澳大利亚、欧盟等开展了气候变化对森林生态系统的影响研究，各国针对森林经营的各个环节，提出了涵盖树种选择、抚育间伐、轮伐期、林分改造等方面相应的对策。

二、森林生长收获预估模型进展与趋势

通过国际林联第 25 届世界大会发现，迄今为止，国际上已针对林分生长模型提出了许多研建方法，可概括为经验模型法、机理模型法（又称过程模型法）和复合型模型法 3 种主要类型。其中主要以人工林为主，对于天然林的林分生长模型研建方法相对较少。与人工林类似，按照建模原理和模型模拟对象，可把现有的天然林生长模型分为全林分生长模型、径阶分布模型和单木生长模型 3 种类型。

全林分生长模型是指用以描述全林分总量（如断面积、蓄积量和生物量）及平均单株木的生长过程（如平均直径的生长过程）的生长模型，亦称全林分模型。根据是否将林分密度作为自变量，可把全林分生长模型分为固定密度的全林分模型和可变密度的全林分模型。对于可变密度的全林分模型，根据林分密度的存在方式，又可把全林分模型分为显式模型和隐式模型。为了保证生长量模型与收获量模型之间的相容性，Sullivan 和 Clutter 把全林分模型推广到相容性林分生长和收获模型系统。在此模型系统的基础上，唐守正进一步把相容性概念推广到全部模型系之间的相容，并提出了全林整体生长模型的概念。

径阶分布模型是指以林分变量及直径分布作为自变量而建立的林分生长和收获模型。这类模型比全林分模型复杂，但比单木模型简单，是一种过渡模型。在径阶模型中胸径是预测生长量最为合适的变量，其原因有两个：一是直径与树干材积和生物量密切相关，是经营决策的重要依据；二是直径易于测量，初始直径分布可以通过林分调查获取，从而为林分预测打下良好基础。

单木模型是指以单株林木为基本单位，从林木的竞争机制出发，模拟林分中每株树木生长过程的模型。单木模型与全林分模型或径阶模型的主要区别在于：全林分模型或径阶分布模型的预测变量是林分或径阶统计量，而单木模型中至少有些预测变量是单株树木的统计量，依据这类模型可以直接判定各单株木的生长状况，因此在构建天然林生长模型以及对天然林立地质量评价时，单木生长模型具有其特殊的意义。

总而言之，尽管对林分生长模型的研究至今已有 300 余年（实质性研究近 70 余年）历史，并且提出了大量建模方法，但是这些研究和方法主要集中在人工林，对于天然林，其林分生长模型从理论到应用都显得非常薄弱。然而，计算机技术的快速发展和近代统计理论的诞生，为天然林林分生长模型的研究提供了好的基础平台和机遇。与此同时，天然林资源是世界森林资源的主体，而天然林林分生长模型是天然林经营的基础。因此，系统地提出一套有效的天然林林分建模理论和方法是当前亟待解决的一项基础理论研究问题。

三、三维可视化模拟新进展与趋势

在森林三维可视化模拟领域，国际林联第 25 届世界大会研究成果偏向利用图像、视

频等媒介进行林木三维重建及森林参数反演，同时也有森林经营范畴的业务化应用。美国学者 Woodam Chung 基于计算机视觉技术，提出了提高森林作业效率的作业方法，研发了适配于森林采伐机的图像采集装置，利用计算机视觉算法，准确识别图像中单株林木个体，估计树木与采伐机的角度、距离及林木胸径和树干锥度，可为操作员提供采伐的辅助决策。

美国学者 Demetrios Gatziolis 在近景摄影测量方面取得了较好的研究成果——基于低成本手持式摄像机获取一系列图像，并利用获得的点云进行三维建模，同时在构建的三维场景内进行胸径测量；并且探讨了在不同高度上近景摄影测量得到的胸径误差，结果表示观测到的误差水平远远低于使用传统基于样条的现场测量的误差水平。加拿大 Alexander Bilyk 和 Yung-Han Hsu 等学者，利用低成本摄像设备，拍摄半球形照片，用于树冠结构分析；同时研究了基于 360 度全景照片的林木数量、植被覆盖度测量方法。结果显示，利用 360 度全景照片提取的植被覆盖度与使用激光雷达得到的植被覆盖度结果一致，由于球面相机成本更低，因此可以在无法使用激光雷达测量的情况下进行替代。中国学者张怀清等人，在森林景观模拟、森林经营方案模拟、三维场景内森林经营管理等方面做出了较多研究。

综上所述，森林三维可视化模拟已经从单纯的三维场景搭建进入到了利用图像、视频、三维场景等媒介辅助森林经营与调查的阶段，需要利用机器视觉、图像处理、人工智能等多学科知识促进相关研究的进一步发展。

四、人工智能和大数据新进展与趋势

物联网和人工智能是新一代信息技术的高度集成和综合运用，物联网是智能化基础设施的重要组成部分。物联网和人工智能具有渗透性强、带动作用大、综合效益好的特点，是引领未来的战略性技术。世界主要发达国家把发展物联网与人工智能作为提升国家竞争力、维护国家安全的重大战略，加紧出台规划和政策，围绕核心技术、顶尖人才、标准规范等强化部署，力图在新一轮国际科技竞争中掌握主导权。

信息化在林业中的应用已经从零散的、点的应用发展到融合的、全面的创新应用。随着现代信息技术的逐步应用，能实现林业资源的实时、动态监测和管理，能更透彻地感知摸清生态环境状况、遏制生态危机，更深入地监测预警事件、支撑生态行动、预防生态灾害。人工智能在林业行业的具体应用包括种苗培育、植树造林、病虫害防治、森林防火、木材加工、林产品贸易、森林旅游、图像识别、森林资源监测、林业管理等。林业应用人工智能的优势包括：一是林业地域偏远，空间广阔，正是人工智能用武之地；二是林业行业传统，操作简单，应用人工智能效果显著；三是林业劳动密集，工作重复，人工智能可以大显身手；四是林业灾害隐蔽，管理困难，急需人工智能解决难题。

根据国际林联第二十五届世界大会得知，目前国际上"互联网+智慧林业"发展存在不少问题，其中一些需要在相关理论和技术上进行研究与创新，主要包括：

（1）森林资源监测关键参数实时检测成本高，监测实时性不强，数据时效性低等问题，成为制约林业和草原监测中获取高时效数据的瓶颈，亟待开展关键参数的实时检测技术研究，从而实现林业和草原专用传感器的自主研发和生产。

（2）由于物联网的普遍应用，反映自然资源与生态系统变化及其相关变化的影响因素的数据来源越来越多样化，其时间和空间分辨率也呈日益精细化趋势。在数据分析与决策应用方面，除了继续发展数据抽样、统计分析等方法，还需要在聚类、离散点诊断与挖掘、时间序列分析、智能优化、预测等大数据分析与决策方法上有所突破。

（3）随着大量自动传感器的应用，信息获取能力急剧增强，以往传统的信息识别与提取手段将很难及时处理快速膨胀和类型多样的感知信息，因此必须注重发展针对森林、物种、灾害以及各种干扰因素的智能化模式识别技术。通过人工智能的方法快速从获取到的大量传感器数据中自动提取到有价值的信息，从而满足物联网数据处理的增长需求。

总而言之，人工智能作为数据分析的大脑，与虚拟现实和可视化技术同步发展迅速，并相互融合相互促进，共同促进了智慧林业技术的发展。尤其是在基于大数据的三维模型构建、实景仿真，以及虚拟交互等方面，需要高性能的深度学习、模式识别等算法作为支撑，共同为林业的各种应用提供智能化、可视化和自动化的服务，智能化虚拟仿真将成为将来发展的主要趋势。与此同时，随着物联网、遥感技术等的高速发展，林业大数据的多样、海量和多态成为现状，分析、利用林业大数据并使其成为有用的知识，将是亟待解决的关键问题。大数据可视化的高级阶段、虚拟可视化和智能可视化为大数据的应用提供最佳的解决方案，因此高性能的大数据人工智能算法以及分析工具，是目前主要研究的前沿科学问题。

森林评估、建模相关技术国际研究新进展与趋势

庞勇　张怀清　冯益明　刘清旺　符利勇　李永亮　杨廷栋　覃先林　李春明
（中国林科院资源信息研究所）

针对国际林联第 25 届世界大会参会代表的大会主题报告、分会场口头报告和墙报展示环节，对林业遥感、遥感与地理信息系统用于森林监测与经营管理、林业虚拟现实与可视化等领域的国际发展状况和未来发展趋势进行了综合分析。

一、林业遥感

（一）遥感观测手段发展迅速，观测数据日益丰富

最近 10 年里，卫星组网、无人机遥感、林下移动测量、激光雷达、热红外等遥感平台和技术手段得到了迅速发展。由于灵活机动性好、入门成本较低的特点，无人机遥感技术的快速发展，特别是无人机激光雷达和摄影测量技术，在全球范围内得到了广泛关注，越来越多的机构利用无人机遥感技术开展了林业应用相关研究。Photoscan 和 Pix4D Mapper 是两款广泛使用的处理无人机影像的软件，可以处理得到高分辨率（优于 10 厘米）的影像和密集匹配的点云数据，从而可用于林木株数估计、树高估算、生物量估测等方面。由于摄影测量技术穿透能力的局限，激光雷达提取的数字地形模型（DTM）常被用来作为摄影测量点云的地面高程基准，辅助进行点云高度的归一化处理、生成冠层高度模型（CHM）等处理。另一方面，相机质量和配置、飞行参数和天气条件也会对密集匹配的点云数据产生影响，需要针对性地设计数据处理流程、选择合适的算法，以提高数据的稳定性和可靠性。利用 LiDAR 平台，可以直接获取树高等数据，并间接获得蓄积和胸高断面积。通过地面移动方式获取的 RGB 图像可以估计出材量。

现今，森林清查（FI）样地的新采集方法研究非常活跃。近几年地面激光扫描仪（TLS）的快速发展，使整个森林场景的 3D 重建达到厘米精度。尽管单木位置和胸径（DBH）估测精度可与传统的现地测量相媲美，但由于树梢被遮挡，树高估计受到阻碍。近几年研发出了几种安装在无人机上的轻量级激光雷达传感器，这些无人机通过激光雷达 UAS-LiDAR 设备获取的 3D 点云可实现单木 3D 建模，可以获取不同详细程度的单木位置、树高、干形锥度、胸径和森林结构。与无人机摄影测量相比，传感器的运动速度更快，还可以改进地面和部分遮挡区域的重建。奥地利学者探索了用于森林清查的几种 UAS-LiDAR 数据的集成分析框架。

无人机平台的激光扫描逐渐成为从森林生态系统获取数据的新方法，3D 点云能够达到厘米级精度。同型号的激光雷达安装在无人机和背包平台上进行了对比，空中扫描更快

捷、更舒适，而地面移动扫描不需要飞行许可和训练有素的人员。在时间消耗方面，地面采集需要更多的时间，而飞行需要飞行前和飞行后的处理过程，这使得两种方案的总体时间具有可比性。试验区是 60 年欧洲赤松林，通过两种方法的株树识别率为 100%，基于地面的方法树高和胸径误差较大，主要是由于行走扫描的匹配错位，空中方法可以更准确和精确的测量树高和胸径。地面方法可以提供更高密度的树干和树冠底部点云，可以更精确地估计树干光滑度和干形锥度。

随着惯性导航和动态构图（SLAM）技术的融合发展，手工测量模式可以转变为移动测量模式，进而手持式移动激光扫描（HMLS）得以出现。通过 HMLS 点云和 UAV 点云数据相结合估计 43 棵树的树高，TLS 作为参考数据。单变量方差分析结果显示 HMLS 和 TLS 之间的树高结果有显著差异，但在将 UAV 点云和 HMLS 点云合并后，组合点云数据和 TLS 点云数据差异不显著。TLS 方法的缺点是耗时和不方便。组合点云数据与 TLS 相比更灵活且精度高。

FLIR 热像仪获取的温度数据在搜索、救援和消防领域展现出良好的应用前景。FLIR 热图像能够用于快速识别死立木，死树在热谱段表现出较亮的特征。这些信息与地面人员统计的死亡率进行比较，评价这些技术在地面人员增加测量值方面的有效性。通过识别死树过程的自动化，地面工作人员可以集中精力收集相关信息，而无需漫无目的地在现场查找。这些图像可以作为永久性记录，用于观察这些地块随着树木成熟和树冠消亡时间的变化。

在近景摄影测量方面，基于低成本手持式摄像机获取一系列图像，可以利用获得的密集匹配点云进行三维建模和胸径测量。利用低成本摄像设备拍摄半球形照片也可以用于树冠结构分析；基于 360 度全景照片估测的植被覆盖度与使用激光雷达得到的植被覆盖度结果较为一致。

目前，美国、中国、日本、巴西、欧洲空间局等国家和组织都有多颗中高分辨率的卫星在轨运行，可以免费获取的中高分辨率数据已具备每周把地球观测一遍的能力，为森林资源动态变化提供了极佳的观测手段和平台。如利用 ALOS-2 和 PALSAR-2 等极化数据评估热带雨林碳汇量、识别东南亚油棕，利用 SAR Sentinel-1 数据研究亚马孙森林退化的驱动因素等方面的工作。

（二）遥感监测森林覆盖变化国内外研究进展

随着遥感数据源的丰富、数据预处理水平的提高、数据共享平台和运算能力的提高，基于时间序列遥感影像进行森林覆盖变化分析已经进入业务化应用阶段。尤其是美国地质调查局（USGS）的 Landsat TM/ETM+/OLI 系列卫星数据、欧洲空间局（ESA）的 Sentinel 系列卫星数据等多颗中高分辨率遥感卫星数据开放获取，谷歌地球引擎（GEE）等云平台的推广应用，利用云计算和遥感技术在多个区域展示了森林覆盖动态监测的巨大潜力。美国和加拿大目前已经在全国范围内实现了年度森林覆盖信息的动态提取，欧洲一些科学家在欧洲和非洲做了成功示范，我国科学家在中国和东南亚也进行了成功的示范应用。这些应用主要采用随机森林、神经网络和机器学习等方法，国外基于 Google Engine 提供的云计算平台作为长时序遥感数据分析应用平台。

（三）遥感估计森林定量参数

利用遥感技术对多时期、大尺度森林生物量和碳储量估计是当前的难点和热点前沿研究方向。光学、微波雷达、激光雷达等遥感技术被广泛用于多种森林类型的定量参数估测。美国林务局采用时间序列 Landsat 数据得到的年度缨帽变换指数、全球林冠高产品、数字高程模型、北美 30 年标准化气候产品等参数，应用随机森林模型，在景观和区域尺度上，估测了 2000—2016 年美国西北部森林地上年度生物量。美国马里兰大学等使用 Landsat 数据生产了多期森林覆盖度产品，刻画了森林覆盖度的动态变化情况。瑞士等国家探索了使用机载激光雷达、高光谱遥感手段估测物种丰富度、结构多样性等生物多样性指数方面的潜力。遥感技术估计的林下植被参数与野生动物生境多样性、燃料危害建模和下层林竞争动态密切相关。通过结合无人机图像和 TLS 数据，为 REDD+ 及 MRV 系统提供了一个准确估计小区域热带雨林 AGB/碳的方法。通过 SFM 方法从 UAV 影像提取上层树冠的高度，使用 TLS 测量下层树冠的高度。

（四）林业遥感发展趋势

随着人们对森林在全球可持续发展中重要性认识的不断深入，森林可持续经营和生态服务功能的定量评价迫切需要新的解决方案。高分辨率遥感技术和高性能计算平台、创新性的数据处理和参数估计算法提供了新的契机。综合集成长时间序列的中高分辨率（优于 30 米）卫星遥感观测数据、关键期的甚高分辨率（优于 1 米）卫星遥感数据、机载激光雷达数据，使用时间序列分析、变化检测、深度学习等算法，云存储与高性能计算平台，建立高质量的森林资源监测平台，生产森林覆盖变化、定量因子测算、生态服务功能核算等产品，支撑精细化森林经营管理活动。

二、遥感与 GIS 用于森林经营管理

（一）高分辨率遥感与 GIS 日益用于森林经营管理业务中

欧盟 LIFE 项目"FRESHLIFE–可持续森林管理结合遥感示范"，探索了无人机遥感用于可持续森林管理监测的能力，评价了利用在林班尺度进行欧洲可持续森林管理的某些指示因子制图的可行性。项目采集了意大利中部温带森林的无人机数据，并与地面样地调查相结合，对森林类型进行精确制图（每类精度>70%），结合地面和 LiDAR 派生的高度变量，通过线性回归估测样地尺度的活立木蓄积量和地上生物量（R^2 为 0.2~0.8）。

多期观测的高分辨率遥感手段为森林经营活动的监测提供了新的技术手段。缅甸用轻型无人机（UAV）采集多时相数字航空照片（DAP），获取了择伐之前、择伐之后、择伐之后 1.5 年的 3 次 DAP 观测数据，监测了热带森林中的小规模扰动引起的地上生物量动态变化情况。

（二）遥感与多种环境变量综合应用于森林立地质量评价和造林决策

为选择适当的树种混交，森林管理部门需要建立一个健全的森林立地信息数据库，特别是在考虑到气候变化的情况下。适应性森林管理需要考虑气候变化的可能影响，创新的决策支持方法有助于提高森林生态系统的抵抗力和恢复力。奥地利学者在森林立地分类和制图方面基于地理生态参数的逻辑组合对森林立地类型进行动态分层，进而为每种森林类

型编制造林指南，其中包括关于树种选择、潜在危害和适应性森林管理做法的信息。

（三）遥感与 GIS 用于森林经营管理规划和决策

近年来，森林管理规划中的生物多样性是确保生态系统正常运转、恢复力和可持续性的必要条件。欧盟 ALTERFOR 项目提出并论证了用于评估生物多样性和其他生态系统服务的模糊逻辑。应用模糊逻辑方法来测试 3 个生物多样性指标：树种组成、树木死亡率和灌木生物量。这种方法给出的生物多样性类别值介于 0（非常低）和 1（非常高）之间，并给出了与这四个指标相关的定性价值规则。根据利益相关者的知识建立价值规则，并由专家进行验证。每个指标的值以有色矩阵的形式表示，生物多样性的最终模糊输出以 0 ~ 1 之间的连续分数表示。结果表明，由于各指标在采伐后均为零，纯林林分的生物多样性得分最低，混交林分不同的采伐期有助于提高生物多样性总体得分（模糊输出）。模糊逻辑方法是一个非常有用的工具，它为决策支持提供了强大的推理资源，捕获利益相关者给出的定性评估，并随后实现定量结果。

决策支持系统允许森林工作者在预期或假设的条件下模拟未来的森林状态，并根据模拟结果和利益相关者的偏好选择最佳的森林管理策略，对于应对气候变化及其对森林经营管理带来的挑战具有重要的作用。为了提高森林管理者对其管理的长期影响的认识，比利时佛兰德斯开发了一个称为 Sim4Tree 的决策支持系统，该系统已经运行了近十年。Sim4Tree 是一种基于传统经验生长曲线进行森林发展模拟的工具，这得益于灵活的 Sim4Tree 结构，可以很容易地被其他生长模型所取代。但经验生长曲线不容易考虑到动态过程，例如与不断变化的管理做法和气候变化有关的过程。通过插入"4C（FORESEE）"机理森林生长模型，可以解释这些变化情况，从而预测佛兰德斯不同管理和气候情景下的未来生物量现存量。研究表明，利用国家森林资源清查（NFI）数据可对机理模型进行参数化，并通过评估不同的管理（如往常一样，生产导向型和娱乐导向型）和气候情景，以及这些情景与经验生长表和 NFI 结果的比较。研究结果将有助于改善 Sim4Tree 的性能，为未来最佳森林管理方案的选择提供支持。

（四）发展趋势

优秀的决策支持系统离不开模型、算法和计算机技术的支撑，适应性管理对森林生态系统可持续服务和多功能性的影响是未来决策支持系统需要重点关注的问题。新技术的出现将改进软件性能及其应用，使其具有更完备的解决问题能力。

机载激光雷达和摄影测量密集匹配生成的林分图可用作精细尺度森林资源监测和立地质量评价的工具，为森林管理方面的决策者提供重要信息。有必要进一步研究在森林资源清查、蓄积量估算和森林管理等方面的应用。

三、林业虚拟现实与可视化技术参会综述

（一）增强现实和混合现实技术在林业中逐渐应用

随着增强现实和混合现实设备成本的降低，其在林业调查、监测、规划设计和培训中将逐渐应用。美国使用混合现实，通过驾驶舱内的摄像图和图像处理系统，帮助工人进行待采树木的机械采伐；欧洲多个国家通过增强现实技术进行森林经营的培训和模拟；澳大

利亚利用混合现实进行林业生产实践培训和体验等。

(二)头戴式和手机端的虚拟现实技术发展迅速

头戴式设备由于价格低,手机端由于便携且多功能,因此利用头戴式和手机端开发的林业虚拟现实和可视化应用不断增多,如澳大利亚研发的树种、材积、病虫害等手机智能识别,芬兰的虚拟经营培训,加拿大的虚拟景观设计等技术和应用软件不断成熟。同时,由于全景三维技术设备的进步,森林三维建模和实景仿真变得容易,促进了头戴式森林体验领域的迅速发展。

(三)人工智能和虚拟现实的高度结合

人工智能作为数据分析的大脑,与虚拟现实和可视化技术同步发展迅速,并相互融合与促进,共同促进了智慧林业技术的发展。尤其是在基于大数据的三维模型构建、实景仿真,以及虚拟交互等方面,需要高性能的深度学习、模式识别等算法作为支撑,共同为林业的各种应用提供智能化、可视化和自动化的服务,智能化虚拟仿真将成为将来的发展主要趋势。

(四)大数据可视化潜力无限

随着物联网、遥感技术等的高速发展,林业大数据的多样、海量和多态成为现状,分析、利用林业大数据并使其成为有用的知识,将是亟待解决的关键问题。巴西、美国、加拿大等大学、科研单位和创新企业开展大范围使用激光雷达数据结合森林资源调查数据,进行森林规划、生态保护和生态修复等可视化分析。同时,大数据可视化的高级阶段、虚拟可视化和智能可视化为大数据的应用提供最佳的解决方案,因此高性能的大数据可视化分析算法以及分析工具,是目前主要研究的前沿科学问题。

(五)发展趋势与建议

1. 逐步推进增强现实和混合现实技术在林业中的应用

由于增强现实和混合现实结合了现实场景和三维模型,因此在林业生产应用中更易被接受,应逐步推进该技术在林业调查、监测、规划设计和培训中的应用。

2. 创新提高森林经营预期效果评价水平

在森林经营预期效果模拟方面,不仅将林分结构、林分未来生长量、生物多样性等定量因子作为主要预测和评价指标,同时将生物量和碳排放纳入进来,作为经营效果预测的评估因子;可将其与三维模拟技术相结合,不单对树木、林分三维模型进行模拟,还注重不同实验效果的对比研究,针对应用对象、侧重揭示问题的不同,把研究重点放在科学问题和规律揭示的可视化表达上,可以适当淡化地形、树木、林分、环境、气象因子等模拟效果的逼真程度,强调服务于森林经营预期效果评价技术创新。

3. 持续加强系统软件应用能力

在应用软件开发领域,更加注重模块化开发与集成,更加注重接口的开发或二次开发,更加注重包容其他软件模块。如此便可省去了科研人员和应用者大量的重复劳动,为实现资源和技术共享、优势互补提供了便利。例如,树木和林分生长模型系统(含多树种、不同立地条件的生长收获模型)与树木和林分三维可视化模拟系统(含多树种不同形态结构特征下的树木三维模型、生长动态可视化模拟方法等)的结合。

4. 大力推动人工智能和虚拟现实的高度结合

人工智能作为数据分析的大脑，与虚拟现实和可视化技术同步发展迅速，并相互融合，相互促进，共同促进了智慧林业技术的发展。尤其是在基于大数据的三维模型构建、实景仿真，以及虚拟交互等方面，需要高性能的深度学习、模式识别等算法作为支撑，共同为林业的各种应用提供智能化、可视化和自动化的服务，智能化虚拟仿真将成为将来发展的主要趋势。

促进绿色未来的木材科学与技术研究

焦立超　王霄　殷亚方

（中国林科院木材工业研究所）

本文针对大会中与木材科学与技术领域密切相关的 1 个全体主旨报告会、1 个亚全体主旨报告会、14 个技术分会和 4 个墙报分会的共 156 篇会议报告，分别从木材生长、木材性质与质量、木材识别、木材加工利用、木文化等 5 个方面，综述相关研究的最新进展。

一、木材生长

树木通过形成发生变化的新木质部细胞来适应气候变化的影响，对树木木质部及生长轮的追溯研究，可有效评估随时间变化的木材生长及其对气候的响应。

已有的近红外（NIRS）技术在预测木材密度时多采用多光谱合并方法，巴西圣保罗大学利用最新研发的近红外高光谱成像技术（NIR-HSI），通过构建更高空间分辨率的图像，能够更好地对木材性质进行预测，同时近红外高光谱成像结合 X 射线微密度方法（X-ray MDI），将更便于评估木材密度的空间变化，所获得的巨桉木材密度的预测模型像素精度分别可达 6256 微米（NIR-HSI）和 30 微米（X-ray MDI）。同时 X 射线荧光光谱（XRF）结合木材解剖学方法，可检测不同树轮的化学元素分布和含量。上述新的检测手段所获数据将有利于进一步提取形成层活动过程中的化学性质变化以及树木径向生长等特性。

尽管现有的树轮分析方法较多，但意大利的一种采用光度计（Photometric）结合软件分析的新方法被提出。该方法通过测量树木横截面上相邻树轮间的距离，可实现树轮特性的测量与分析。该方法具有自动、精确、高效、避免人为因素干扰等优点，同时由于采用了线性过滤图像，可大大减少一般图像所带来的随机噪声问题。不过该方法目前仍存在需借助刻度标尺进行拍照的缺点。

稳定同位素技术在树轮气候学方面也取得了新的突破。特别是针对树木生长锥和纤维素抽提物样品，通过对氧稳定同位素的分析，可实现距今 4500 年的定年。日本森林综合研究所（FFPRI）开发了专用的高强重比的可充电生长锥工具，用于辅助高效获取生长锥（www.smartborer.com）。同时提出了可将生长锥样品快速处理为纤维素的方法，比传统方法的效率提高了 10~100 倍。上述研究进展为木材产地来源的合法性确定、台风等环境因素对树木影响的可视化等研究提供了重要技术支撑。

二、木材性质与质量

基于快速生长的人工林木质林产品开发是未来发展趋势之一，而科学准确表征人工林木材性质是向市场供应适宜品质木材、优化木材价值和商业竞争力的关键。

近年来，应用创新的无损检测技术评估人工林木材，通过林产品价值链跟踪木材质量信息，以提高生产效率和最终产品性能方面的研究发展迅速。南非学者开展的基于无损检测方法预测锯材的劈裂、翘曲、脆心、皱缩以及密度梯度等指标，为树木优良品种选育提供参考，同时开发了一种应变测量新技术，构建了锯材性能预测模型；我国建立了基于近红外光谱和化学计量学的纸浆原料特性预测模型，利用全息光栅光谱仪采集近红外光谱数据，并采用组合预处理方法对近红外光谱预处理，应用 PLS、LASSO、支持向量机方法和人工神经网络算法建立预测模型，实现了纸浆质量的快速分析；印度学者探索了利用电阻率层析成像技术（Electrical Resistivity Tomography，ERT），基于电阻率关键指标确定柚木活立木边材和心材边界的可能性；韩国通过尺度不变特征变换的 k 近邻（SIFT+k-NN）模型和卷积神经网络（Convolutional Neural Network，CNN）模型，对木材缺陷进行分类，CNN 模型对木材缺陷分类精度高于 SIFT+k-NN 模型；巴西应用断层扫描技术，建立应力波速度、木材含水率、树木直径和高度等指标的函数方程，实现对树木木材密度的快速准确预测；澳大利亚基于无损检测技术确定桉树立木、原木和锯板的材质品质间的关系。另外，多名不同国家的学者基于声学特性预测木材性质，比如巴西通过超声波无损检测技术表征了银合欢（*Leucaena leucocephala*）木材的力学特性；立陶宛利用声学层析成像曲线，并通过声速和木材密度两个参数确定木材动态弹性模量。

竹材作为另一种重要的自然资源，近些年越来越受到研究重视。其中以国际竹藤中心为代表的研究机构获得了显著成果。基于拉曼光谱成像技术对竹纤维成分分析，准确获取到了毛竹纤维细胞壁中纤维素、微纤丝的空间取向变化和化学成分分布；揭示竹纤维复杂的次生壁结构，为理解其多层级结构和微力学性能提供新思路，为竹材高值化利用、仿生材料设计等领域的后续拓展提供依据。同时最新研究表明，预处理对竹材性能有显著提升效果。热处理可改善燃烧性能，而均化同步处理可解决天然竹材内部维管束分布不均的问题，提高竹材密度和强度。我国近些年大力推进竹材产业的发展，竹种植面积已接近 700万公顷，产品生产、销量及出口均大幅增长，竹材产业化和供应链在我国已基本形成。政策带动的效益增长直接促进了科研的发展，这也是我国竹科学研究走在世界前沿的重要原因。

柚木（*Tectona grandis*）是国际木材市场上需求量巨大的重要热带阔叶材之一。近年来，由于柚木天然林的供应量持续下降，品质优良的柚木人工林市场前景广阔。据统计，全球柚木人工林种植面积约为 440 万至 690 万公顷，原木全球贸易超过 100 万立方米。柚木人工林资源的可持续经营以及柚木木材质量的提升，将为满足全球日益增长的阔叶材需求提供契机。国际热带木材组织（ITTO）实施了柚木项目，旨在协助政府、当地社区和小农户加强柚木天然林的保护、管理和生产经营，促进合法、可持续发展的木材供应链的建立，同时改善大湄公河区域的社会经济和社区生计；德国学者通过校准后的森林生长模型模拟气候对柚木生长的影响机制，依据该模型模拟了生物质碳存储的管理策略，并进行经济效益评估，为实现柚木人工林生态经济发展提供思路；印度开展了对采用无性系繁育及造林技术生产柚木的木材质量进行了评价；巴西学者研究了柚木锯材废料的技术特性，为开发其综合利用提供了可能；我国基于集约方式为高产、速生柚木人工林的建立提供了策略和方法，重点分析了柚木不同无性系的生长、木材性能与种植区域的相互关系。此外，联合国粮食及农业组织（FAO）于1995年成立了"国际柚木信息网"（TEAKNET）网络平台，旨在将全球柚木利益相关方联合起来，共享全球柚木信息。该网络与FAO、IUFRO、ITTO等国际组织合作，为全球柚木可持续管理和发展制定行动计划，并通过促进小农户柚木种植来改善生计支持。

三、木材识别

随着全球森林资源的持续减少以及木材贸易量的不断增加，木材识别技术及其应用已成为国际社会有效监管木材贸易、实现重要树种资源合理保护与可持续利用的重要支撑。

本次会议专门组织了"促进木材合法采伐的热带木材识别新方法及其应用"技术分会，主要涉及木材解剖、分子标记、计算机视觉、化学指纹图谱和稳定同位素等木材识别技术的发展前沿与机遇挑战，并突出了木材标本馆对木材识别数据库构建与技术应用的重要意义。在计算机视觉识别方面，巴西开发了一款可应用于手机和平板电脑的便携式软件，目前可用于识别157种热带树种木材；我国和印度尼西亚分别依托木材标本馆的木材标本，研发了基于木材图像的识别系统。在木材DNA分子标记领域，玻利维亚针对洋椿属（*Cedrela*）6种木材开展了微卫星标记研究；我国近些年来重点关注了沉香属（*Aquilaria*）、檀香属（*Santalum*）、黄檀属（*Dalbergia*）、紫檀属（*Pterocarpus*）、古夷苏木属（*Guibourtia*）等濒危珍贵树种木材，并构建了相关木材DNA条形码数据库。在木材化学识别方面，实时直接分析——飞行时间质谱、近红外光谱、拉曼光谱、激光诱导等离子体光谱及稳定同位素等方法在木材识别领域得到了较广泛的研究。这些识别新技术的开发，将为濒危珍贵木材科学保护和可持续利用提供技术支撑。

另一方面，科学完善的木材识别信息库是木材识别技术得以发展和应用的重要基础。然而，当前木材识别数据库的缺乏是制约木材识别新技术广泛开展的瓶颈。依托木材标本馆快速构建识别信息数据库是当前及未来的研究热点之一。

四、木材高效/高附加值利用

在林业领域，生物质资源主要为森林及林产剩余物，是储量最大、来源最广泛的一种可再生资源。木材资源的高效和高附加值利用，是实现森林资源可持续发展与利用的重要途径。特别是对以人工林资源为主的林木生物质的高质化利用，通过新技术与新产品的研发，可为全球可持续性发展提供新的思路，将对我国林业资源（特别是人工林资源）的综合高效利用具有重要参考价值。

（一）木制品加工的资源利用

在木材加工行业，绿色加工以及原料高效利用是当前的发展趋势。需要继续提高对木材资源利用潜力的认知，大力提倡原料优化利用、高效工艺与方法规划、废物回收再利用、资源利用率评价标准建设等方面的工作。巴西介绍了采用旋切加工降低粉尘排放的木材加工方法，通过省去打磨工艺，有效降低粉尘生成量；比利时开发了一种可对木材干燥过程中的含水率、温度梯度以及水分传递进行实时监测的系统，通过测量木材电阻率的方式估算热阻，进而换算含水率，同时借助机器视觉技术获取在线图像，以监测干燥缺陷；立陶宛展示了层压胶合木（GLT）在建筑领域的优势，GLT 建筑的废弃物生成量远小于传统建筑材料；奥地利介绍了包括切片和木屑等加工剩余物的工业废弃木材的开发前景，除了用于能源转化，这些原料甚至还能制作成木制工艺品。胶黏剂质量也直接影响木材利用效率。德国展示了胶黏剂制备过程中主要化学成分以及物理性质的变化。可以看出，影响木材资源利用率的因素非常广泛，除了关键技术的突破，行业领域的发展水平和地方政策也会造成一定影响。

（二）林木生物质能源转化

林木生物质深度开发以及低碳化传统林产品供应链是相关研究面临的挑战，生物质能源高效利用成为当前研究热点。为提高能源利用效率，澳大利亚学者通过统计学建模方式为林木生物质运输规划合理路径，以降低运营成本。由于林木生物质本身单位价值较低且分布零散，采集和运输成本成为影响其资源开发的重要因素。根据当地地形条件所研发的路径优化模型对生物质分布地点做出判断，从而制定合理路线，并在澳大利亚昆士兰州成功应用。而对于生物质能源化利用技术，研究者多采用化学法，其中酶催化水解制备乙醇一直是备受关注的技术。为提高转化效率，可利用气爆法对原料进行预处理，使得转化过程葡萄糖生成量提高，从而提高乙醇产量。也可采用生物预处理法，对原料用生物菌处理。研究发现，在生物菌发酵作用下，可产生一种木质纤维降解酶，从而加速水解过程。热裂解作为较传统的热化学转化法，目前仍受到普遍重视。尼日利亚利用真空反应实现生物质热裂解制备生物油的工艺，并给出了该方式下最佳的液态产物生产工艺。物理成型是生物质利用的另一途径。泰国针对林业剩余物，利用旋转窑加热的方法制备黑色颗粒，具体步骤包括烘干以及旋转窑内碳化。不难看出，单纯的焚烧已很难满足新形势对新能源利用的要求，唯有通过更精细的处理技术制备工业副产品，才能更充分发掘生物质资源的价值。此外，单一的处理方法也已不适用于高品质产物的生产，多步骤、多途径的混合工艺逐渐取代传统方法。通过不同处理方法合理搭配以及参数调整，可进行有选择的产物制备，进一步提高原料利用效率。

（三）林木生物质精炼的原料质量要求

林木生物质作为一种绿色可再生资源，是最重要的化石燃料替代品之一。然而要实现林业生物质的高效利用，原料的选择与处理是关键。林木生物质资源可大体分成两类，第一类是实体木材，目前主要的利用方式是将木材削片作为燃料使用。巴西介绍了含水率对木材切片生产链各个环节经济效益的影响，并给出了不同地区采集、运输和存储的最佳方式。由于实体木材本身具有较高利用价值，更多的研究将重点放在林业剩余物以及工业废弃物的综合开发利用上，比如落叶和木屑。芬兰利用加压热水抽提法，从木屑中提取半纤维素，并用该抽提物作为工业乳化稳定剂。法国教授提出了利用树皮中提取的丹宁酸和木质素制备酚醛树脂的方案，以替代化石产品，并介绍了两种生产工艺，分别用于人造板胶黏剂和木材防护材料。林木生物质开发的应用前景非常广泛，除了直接用作燃料，还可通过一些技术手段提取有价值的副产品，也能在一定程度上替代化石能源。

（四）木材生物质胶黏剂

随着人们生活质量的提高，家具及人造板有害物质排放量检测也越来越严格，无甲醛产品已然成为了胶黏剂行业的发展趋势。巴西利用蓖麻油制造胶黏剂，利用该胶黏剂加工的板材具有良好的剪切强度，可与传统产品媲美。这种蓖麻油基胶黏剂由于其可再生的特性，有较好的市场前景。波兰应用硅烷改性后的纤维素纳米晶体做树脂，加工的刨花板吸水性、甲醛排放量均有所下降，而抗弯强度有所提升，且树脂在 4 周内黏度保持恒定，可满足市场对原料存储的需求。会议讨论了无甲醛以及基于可再生资源的胶黏剂制备方法。研究表明，基于可再生资源胶黏剂的开发有了实质性的进展，替代传统原料只是时间问题。

（五）木材工业数字化转型

数字化转型是木材工业取得进一步发展的必经之路。当前木材工业行业存在的最大问题可总结为自动化程度低，具体体现在管理、生产和运营等各个方面。合理运用现有生产数据以及数学模型可优化生产工艺，简化管理及运营，为企业带来效益。数学算法和数学模型在木材加工领域的大量应用，预示着木材工业的未来发展方向。挪威利用 X 射线方法测量混合生物质的含水率，这种方法高效快捷，后续如能解决成本问题，可大幅提高生产线自动化程度。机器视觉是实现自动化检测的重要途径，在木材行业具有广阔的应用前景。我国介绍了利用机器视觉技术检测板材表面质量的方法，并提出了可实现在线检测的具体方案。数学模型的开发也是各国研究人员关注的重点。目前开发的模型主要包括木材市场评估模型、地板拼装优化模型以及原木运营与管理模型。这些数学模型应用于木材加工过程的不同环节，主要目的是为行业提质增效，加工数据合理采集和数学模型开发是木材行业发展的大趋势。德国还介绍了工业 4.0 对木材行业的重要性及所面临的挑战，目前最大的问题在于木材工业信息应用仍处于低效。要成功实现工业 4.0，应做到以下三点：①科学研究与工业技术协同发展，建立林业 4.0 实施策略，以达到工业规范化发展的目标；②通过提供信息和训练项目的方式实现新技术应用，同时大力推进科学研究，提供科研项目，并引导企业资助研究项目；③建立智能林业研究部门，打造虚拟林业 4.0 系统。工业 4.0 在林业领域的实施将可促成多种新技术的诞生，如林业标准数字化、智能机器人、林业传感器网络等。

（六）竹材资源的创新利用

作为重要的非木材林业原料的竹材加工利用也获得了广泛关注。天然纤维有较好的吸附及抗菌特性，商业价值较高。印度介绍了一种提取竹材纤维的机械方法，可制备竹材天然纤维；巴西重点介绍了木竹复合材的应用，通过胶合方式将一层木材夹在两层竹材中间，加工的材料具有良好的力学性能，已成功应用于巴西的部分公交车站；我国 2019 年北京园博会中展出的最新竹材作品"Garden-Pavilion"，是由国际竹藤中心设计研发的建筑，采用圆筒形桁架结构，具有很高的承载强度，该建筑充分展示了竹材在建筑领域的开发潜力。

五、木文化

了解木材和森林文化，将有助于加深对社会、历史、宗教、艺术和其他社会价值的认知。森林为世界各个地理区域提供了丰富的遗产，古代/现代木材和非木材制品贸易、当代艺术和文学以及林产品的广泛利用，无一不与木材和森林文化息息相关。

印度学者报告称，木材是印度文化中的重要部分。该学者于 1918 年发表了一份关于印度木材的详细报告，里面涉及 1400 多种树木，广泛应用于寺庙、造船、家具、国防工具、乐器、玩具等领域。印度有着发达和不朽的木材传统，这些传统至今仍具有现实意义。捷克呼吁了保护施瓦岑贝格运河这一森林文化遗产的急迫性和重要意义。国际木材文化协会（IWCS）已成立了十余年，旨在提高公众对木材作为一种生态友好型生物材料的认识，鼓励学术研究，以实现木材的可持续利用和发展。同时，从 2013 年起，该协会每年都会举办世界木材日，活动内容包括技术研讨、木雕、植树、木器音乐节、家具制作、木制民间艺术、儿童节目、木材设计等。这些项目通过延续木材遗产和文化传统，为木材、自然和人类的和谐发展和相互作用提供了新思路。巴西介绍了木质乐器生产与人类日常生活的密切联系。美国学者介绍了非木质林产品在美国文化中的重要性，探讨了气候变化对特定非木材森林产品的文化用途的潜在影响。非木质林产品对美国土著人民、少数民族社区以及移民和定居者社会群体的传统、生计、粮食主权和福祉作出了重大贡献。日本学者总结了 10 种少数民族木制乐器的声学特征，并提出木制乐器是小学文化教育的重要组成部分，有助于开阔学生对世界各地木材文化多样性和重要性的认识。

六、建　议

（1）开展树轮学和木材生长的基础研究；
（2）加强人工林木材质量的检测技术研发；
（3）探索木材识别信息高效提取和数据库构建；
（4）提高人工林生物质高质化利用水平；
（5）增强木文化的教育和普及。

国际森林和林业社会问题以及林业
经济与政策新进展与趋势

叶兵　吴水荣　何友均　谢和生　赵晓迪　高月

（中国林科院林业科技信息研究所）

一、林业科学技术应用

与会科学家就"森林、树木和林产品对地球未来的重要作用"议题展开讨论并达成共识，强调了科学技术的重要作用，特别是在实现联合国《2030年可持续发展议程》中的17个可持续发展目标、《巴黎协定》和《爱知生物多样性目标》等国际议程的相关目标过程中必须发挥根本的作用。

大会针对如何加快提供林业知识与技术服务以及切实可行地应对森林危机提出了解决方案，其中包括：①促进土地合理经营，加强对水和野生动植物的保护；②防止滥伐森林并修复受损的森林景观；③提供低碳木材产品；④利用森林满足社会的物质和精神需求。同时强调不同学科和不同区域之间科学知识与技术的共享和应用。

二、林业经济与政策

绿色发展理论推动林业经济管理理论的新发展。2011年2月，联合国环境规划署（UNEP）发布《迈向绿色经济——通向可持续发展和消除贫困之路》，将林业作为全球绿色经济发展的10个至关重要部门之一。在绿色发展的理论框架下，林业经济管理学科将取得新的突破与发展，如对森林和林业社会地位及作用的重新定位、现代林业的理论与实践、包含森林生态系统服务在内的绿色GDP核算和森林资源经济学的发展、林产品的绿色贸易、以森林与人类和谐发展为主题的森林文化、森林与健康、森林美学、森林福利、生态文明、城市林业的发展、森林经营目标的新拓展、林业宏观决策的支持以及林业政策的调整与发展等。

在林业产业方面，林业产业化研究的内涵和绿色制造技术的应用不断扩大。由于森林在解决环境问题中的突出地位，林业发展已从以木材生产为中心转向森林资源多功能利用，今后除加强木质林产品的精深加工和高效与节约利用、木质替代产品、林产化工的研究外，非木质林产品的开发与利用研究将得到加强，林产工业的内涵不断扩大，如森林游憩资源的可持续开发与利用，森林生态系统野生动植物的保护、繁殖与利用研究，森林生态系统食品资源的开发与利用，生物医药和文化创意产品等新兴产业，将蓬勃兴起。

在森林与人类福祉方面，更加关注人类福祉与森林生态系统服务之间的联系，并将相关问题纳入森林经济学研究的前沿领域。关注提供多种环境服务的绿色基础设施，以及景观特征、户外娱乐活动和用户社会人口特征之间的联系、森林管理的审美驱动力、森林康养与社会福利的关系、政策影响作用等等。同时，开展森林对人类健康和福祉影响的研究，证明通过森林活动，可以对人体生理与心理方面产生有益的影响，但目前对森林生态系统服务长期监测的数据以及有关不同类型和尺度森林的经营管理及其对人体健康影响效果的研究数据有限，不同个体健康影响差异也缺乏更多的科学数据。

社区和小农林业方面，将为未来实现可持续发展目标（SDGs）做出贡献，但在当前社会和国际形势下面临着严峻的挑战，不但要加强当地社区和小农林业的能力建设，加强其可持续经营和发展能力，同时森林治理政策也要更多的倾向当地社区和小农。

三、林业体制与森林权属

林业体制问题让人深思。在信息全球化的背景下，国与国之间的联系不断加深，许多人提到当前应当倡议在国际层面处理森林问题。多边条约、多边协议、伙伴关系等形式都在国际层面发挥着一定的作用。国际森林制度涉及协调参与决策进程的各利益有关群体持有的不同价值观、信仰和想法。因此，制度受到利益相关者持有的不同政策理念和框架的影响。此外，国际森林治理制度和倡议在很大程度上取决于各个国家内部体制机制，只有在形式合理的内部体制机制存在的基础上，才能够更好地推进国际进程。如何在当前多种国内背景下从国内国际两方面对国际森林治理有所建树，可能是我们下一步要深入探讨的问题。

近年来全球森林权属有很大的变化，尤其是很多国家开展了林权改革政策，特别是一些发展中国家通过赋权很多当地社区或者农民，使他们获得了一定的森林权属。但欧洲一些发达国家同时面临着森林权属破碎化的局面，为森林的规模化和可持续经营带来一定的挑战。为了更好地监测当地森林权属的变化，学者们通过森林权属监测系统和大数据分析，并通过地理信息系统反映出来，为今后加强森林权属监测和研究分析提供了新的技术措施和手段。随着森林权属的变化，森林的价值取向也发生着微妙的变化。获得一定森林赋权的当地社区或者农户，充分利用了森林的经济价值来提高自己的生计和收入，而发达国家由于森林权属的破碎化，林主与森林愈加疏远，这些森林价值往往倾向于休闲、游憩等社会价值的利用。

四、近自然多目标森林经营

近自然育林理念自提出以来，在社会上的可接受性及实践实施方面经历了曲折的过程，并且近自然是否总是比远离自然好、抑或是比纯自然更好等问题，存在着广泛的讨论。在当前国际形势、政策和管理背景下，近自然育林、多目标经营在理论研究中引起了更为广泛的关注，在育林实践中得到更多的实施，因此会议突出强调了近自然育林和类似的经营理念在天然林和人工林中的作用。当前营造林的一个趋势是发展以生态为基础的天然更新的做法；另一个趋势是以技术为基础的人工造林的做法。例如在欧洲，这两个趋势导致了两条发展路线，并形成了鲜明对比：一条路线是越来越注重既有森林的天然更新，发展复层异龄混交林；另一条路线则是越来越注重人工造林。其他地方也观察到类似的趋势，但各大洲和各区域之间的趋势差别很大。本次大会通过亚全体大会和多个技术分会的研讨从技术、政策、战略选择等方面突出了近自然多目标森林经营的重要意义。

森林多目标经营和多功能林业发展的理论与技术将成为森林经营研究的主流。森林可持续经营是当今世界林业的主要发展方向。建立多功能林业技术体系，已经成为世界主要林业国家提高森林经营水平和效益的重要手段。森林经营转向以建立健康、稳定、高效的森林生态系统为目标，景观管理、森林功能区划、多功能经营规划、异龄混交林经营、森林生长模拟和优化决策及工具研发等核心技术持续深入，适应性经营监测和评价技术得到加强，森林健康和生物多样性保护得到持续关注。

五、基于生态系统适应性（EbA）的林业应对气候变化

发展林业是实现全球温控目标的重要路径已在全球范围内达成共识。即通过林业的碳捕捉与碳封存等技术以及生物质能源使用等方式，实现温室气体的大幅降低。具体措施包括促进生态系统恢复、提高基于社区和生态系统层面的适应性、提高湿地管理能力、改善森林经营以鼓励生产更多来源合法的林产品等。一是促进生态系统恢复。当前，森林固碳量较大，亚热带、温带和寒带的生物量相当于存储了 1760 亿 ~1940 亿吨二氧化碳，而热带森林的生物量存储二氧化碳量更是高达 1.08 万亿吨。保护和修复森林生态系统，可以提高天然碳汇。二是提高基于社区的气候变化适应性（CbA）。基于社区的气候变化适应性（CbA），被定义为社区对有关事项、需求、知识和能力等的主导过程，通过社区的作为使人们能够规划和应对气候变化产生的影响。基于社区的气候变化适应性（CbA）与基于生态系统的适应性（EbA）之间的整合备受推崇，特别是在减贫的过程中。三是气候变化会导致湿地系统的结构和功能发生变化。温度升高对湿地生态系统中的种群分布和功能、生态系统平衡和服务、当地生计等，都有直接而不可逆的影响。湿地管理战略应包括对基础设施、行为、制度实践层面的调整，以实现湿地对气候变化的适应。

六、绿色基础设施

在城市林业建设方面，强调城市生态环境退化，有必要通过基于自然的解决办法（NBS）恢复城市生态系统，以增强生态系统的复原力和适应能力，以适应气候变化影响，使生态系统能够为更有活力、更健康和有弹性的城市提供服务。强调社会与各利益相关方共同参与，同时，强调绿色基础设施建设规划等内容。

绿色基础设施领域目的是确定和定位在不同环境下为人类福祉提供多种重要环境因子的土地覆盖类型，如地理信息中心和热点。绿色基础设施政策鼓励对自然和半自然区域进行空间规划，以提供生物多样性保护和对人类福祉重要的广泛生态系统服务，但居民的偏好，以及他们如何将土地覆盖与对其福祉重要的环境、社会和经济服务的交付联系起来。"提供多种环境服务的绿色基础设施中心和热点"这一报告的团队调查了 1600 名城乡居民，以确定对个人福祉重要的环境影响，以及在四个欧洲国家（瑞典、拉脱维亚、白俄罗斯和俄罗斯）提供多重环境影响的土地覆盖。确定并定位了提供多个地理信息中心和此类土地覆盖物的重要集群（地理信息热点）的单个土地覆盖物的空间集中度。大多数城市和农村受

访者将他们的幸福感与湖泊、古老的生长林、森林牧场、成熟松林和农村农庄联系起来。在不同的受访者群体中，对地理信息中心的评价存在显著差异，这取决于他们的教育水平、性别和城乡环境。

森林健康研究新进展和趋势

陈帅飞　谢耀坚

(国家林业和草原局桉树研究开发中心)

2019 年国际林联世界大会与森林健康(国际林联第七学部, 包括森林病害和森林昆虫)研究相关的技术会议包括 1 个主题会场(1 个主题报告), 23 个分会场(195 个口述报告), 4 场墙报展示(30 个墙报)。涉及的研究方向主要包括: 全球化和气候变化对森林健康带来的挑战; 森林病原物、昆虫与环境互作对森林健康的影响, 生物入侵对森林的影响以及入侵生物的防控; 森林病原物和昆虫的转移及控制; 森林病虫害的生物防控; 人工林抗病林木遗传材料选育, 城市林业健康。以下对此次大会涉及的以上 7 个研究方向以及一些代表性病虫害研究的新进展和趋势进行概述。

一、全球化和气候变化对森林健康带来的挑战

全球森林的健康状况依旧面临着病虫害带来的巨大挑战, 伴随全球化的快速推进, 特别是国际贸易的快速发展, 大量病原物和昆虫转移到新的地理区域和新的寄主上, 一些非本土病原物和昆虫对本土树木带来巨大危害。例如, 疫霉属的多种病原菌在不同地理区域和寄主之间传播, 导致大量橡树、松树等树木死亡。另外, 一些从其他区域引种过来的非本土树种, 由于未与当地本土病原物和昆虫进行协同进化, 这些树木对一些当地本土的病原物和昆虫抗性较弱, 很容易受到本土病原物和昆虫的侵袭和危害。全球范围内, 病原物和昆虫转移将越来越频繁, 目前人类对控制病原物和昆虫转移方面的工作远远不够。气候变化导致树木在气候和环境的适应方面面临巨大的压力。全球化和气候变化对全球森林的健康发展带来的挑战将持续加剧。针对全球化和气候变化对森林健康带来的问题, 需要世界各国研究人员组织开展国际合作研究来共同面对和解决。

二、森林病原物、昆虫与环境互作对森林健康的影响

(一)森林病原物、昆虫与环境的相互作用引起森林衰退机制

目前, 在生物因素(真菌、细菌、病毒和昆虫等)和非生物因素(气候变化、污染等)的共同影响下, 全球森林持续衰退。由于森林生态系统的复杂性, 很难短期内阐明引起森林衰退的确切原因。通过多学科的交叉联合研究将为阐明引起森林衰退的关键因素和引发机制提供可能, 这将为控制森林衰退制订有效、可持续的策略提供理论基础。需要通过研究森林生态系统病原物、昆虫、树木的物种多样性、种群大小和结构, 以及阐明各生物因素的表型和遗传学特征, 结合森林生态系统的物候学、景观学等特征, 进而阐明森林病原物、昆虫与环境互作引起森林衰退的机制。

（二）森林微生物和森林健康

森林病理学最新研究结果表明，单一微生物并不总是森林病害发生的唯一原因。相反，许多森林生态过程可能是微生物群落间复杂相互作用的结果。此外，这些群体可以成为森林健康的有力评价指标。一些新技术，例如宏基因组技术，宏条形码技术，土壤相关的复杂微生物群落分析技术，根、茎、叶内生菌分析技术，这些技术的使用将促进微生物群落与森林互作研究的开展。

三、生物入侵对森林的影响以及入侵生物的防控

（一）生物入侵对森林生态环境的影响

当外来物种在新的环境中建立时，常常表现出爆炸式的群体增长，从而对本地群落造成严重影响。森林目前正遭受非本土昆虫、病原物、植物和其他生物的入侵，其中许多生物极大地改变了森林生态系统的特征，有时对森林资源造成巨大的经济损失。这是一个世界性的问题，无论是在经济发达国家，还是在发展中国家。鉴于这一问题的全球性，单靠任何一个政府都不可能实施有效的解决办法。因此，生物入侵问题要求研究人员通过一些国际组织开展国际合作研究来解决。生物入侵问题是由许多因素包括多种社会因素综合引起的，而这一现象很大程度上被忽视。目前针对生物入侵的研究一般集中在单个学科内，缺乏针对特定入侵物种的综合研究，限制了对生物入侵机制的全面认知，也阻碍了综合防控措施的制定。未来，迫切需要了解生物入侵的驱动因素，确定其对森林的影响过程，并制定策略以尽量减少生物入侵及其带来的消极影响。另外，全球化加速了生物入侵的发生，全球化本质上是由社会进程驱动的，全球化加速生物入侵进程的机制亟需回答，此外需加强生物入侵对森林生态系统产生影响的预测研究。

（二）森林生态系统中入侵物种的种类，入侵的原因、后果和管理

目前主要致力于阐明入侵物种在森林生态系统中扩散的各种原因（包括以人为中心的原因）和扩散机制；评估入侵物种对森林生态、生物多样性、生态系统服务和依赖森林的人民的社会经济地位的影响。未来研究的重点包括森林在应对入侵物种的脆弱性特征和原因、导致入侵生物发生的因素、入侵生物引起的后果以及管理措施等。

四、森林病原物和昆虫的转移及控制

全球经济的一体化和全球贸易的扩大导致森林病原物和昆虫在不同地理区域之间的转移。目前，世界各地的森林日益受到极具破坏性和/或致命的外来病原物和害虫的危害。目前主要研究内容包括：森林病原物、昆虫的转移路径；在新的地理区域病虫害的发生机制；森林病原物、昆虫入侵天然林和人工林的模式。未来将加深对本地和远距离有害生物转移或传播的认知，了解有害生物的转移和传播规律；形成高效的检疫系统，控制病原物和昆虫的传播；整合树木抗性等因素，控制或降低病虫害对森林的危害。

五、森林病虫害的生物防控

生物防治是传统的外来森林病虫害特别是虫害防控的优先策略之一。今天，许多生物

控制项目已经在全世界实施，包括天然林和人工林。多数情况下，外来的森林病原物和害虫通常在不同国家产生危害，所以，不同国家可以共享生物防治的信息和技术。目前南半球的多个国家和地区在人工林虫害的生物防控方面取得良好进展。未来研究的重点包括：害虫天敌实现生物防控的作用及调控机制；如何提升生物防控效果的持续性和稳定性；害虫天敌对整个森林生态系统的潜在影响。

六、人工林抗病虫林木遗传材料选育

为满足人类对木材的需求，全球范围内人工林持续快速发展。全球化导致森林病原物和昆虫在不同地理区域之间的转移加速，气候变化导致某些树种的抗性降低。另外，一些树种被引种到其本土地理区域之外，可能缺乏对引种区域病原物和昆虫的抵抗力。以上因素导致人工林无论在其本土区域还是引种区域受到病虫害的危害都不断加深。大多数人工林树种的遗传资源丰富，不同基因型的抗病性、抗虫性存在很大差异。这致使通过选育抗病、抗虫树种遗传成为大多数人工林病虫害防控的有效途径之一。目前，世界范围内实施抗病、抗虫人工林林木遗传选育的树种主要包括桉树、松树、杨树、相思等。未来需要探索不同物种、同物种不同基因型菌株致病性差异的原因，强化对病原菌致病机理的研究，同时，也需加强对不同基因型树木之间抗病性存在差异原因的探索，进而指导抗病林木遗传材料的选育。

七、城市林业健康

城市树木和森林为城市提供许多生态服务，被广泛认为是提高人类福祉的关键贡献者。然而，城市树木和森林受到来自城市环境(如"城市热岛"效应)和全球变化(如气候变化和生物入侵)等一系列生物和非生物因素压力的威胁越来越大。针对有害生物对城市树木和森林危害的控制，需要加强对城市环境中树木病虫害的早期发现和根除，采取更多创新思维和措施，例如提高树木物种的多样性，种植和培育适应城市气候条件的林木遗传材料，以提高城市树木和森林的稳定性和复原力。

八、代表性病虫害研究进展和趋势

(一) 松针和松梢病害

目前，随着新的生物技术手段的使用，引起松针和松梢病害的一些隐含病原物种不断被发现。目前主要进行了病原菌的分类、种群生物学和基因组学研究，揭示引起松针和松梢病害的主要病原物种类，阐明主要病原菌在不同地理区域潜在的转移路径、主要病原菌与伴生真菌之间的生态关系和协同作用机制。越来越多的证据表明，松针和松梢病原菌正受到气候变化的影响，未来将强化气候变化对病原物发病的影响以及病原菌适应性特征的研究。

(二) 松树脂溃疡病

由 *Fusarium circinatum*(镰刀菌属)引起的松树脂溃疡病目前已在北美、中南美洲、南非、亚洲以及欧洲等区域被报道。目前在全球许多国家 *Fusarium circinatum*(镰刀菌属)是影响松树幼苗和成熟松树最重要的病原菌之一，通常无症状但携带病原菌的松树幼苗可在种植后发病，进而造成森林的严重损失。目前针对松树脂溃疡病研究主要包括病原鉴定和病害诊断；*Fusarium circinatum*（镰刀菌属）与其他森林病原物的相互作用；病害传播途径探索；病害风险分析；森林和苗圃疾病管理等。

（三）疫霉属真菌引发的森林病害

目前，世界范围内有超过 150 种疫霉属真菌被正式报道，其中超过 50 个于 2010 年之后发现。许多疫霉属物种可能是通过国家或大陆间的苗圃产业经过植物贸易引入新环境。疫霉属物种通过土壤、苗木基质或者空气在不同区域之间传播，频繁的人为活动加速了病原菌在不同区域之间的转移。目前人们对区域间贸易等人为活动对疫霉属真菌引起森林病害的防控带来挑战的认知不断加深。目前及未来针对疫霉属真菌引起森林病害研究的重点包括：阐明疫霉属物种传播途径和路径；通过生态学和病理学研究阐述使疫霉属物种成为成功的病原体的驱动力要素；疫霉属森林病害对生态系统功能和服务的影响；疫霉属森林病害的控制方法；恢复被疫霉属病原菌感染的森林和林地的方法。

（四）桃金娘目林木锈病

由 *Austropuccinia psidii*（锈菌属）引起的锈病对热带、亚热带地区的桃金娘目林木（包括桉树）带来很大的危害。过去几年，以大洋洲、北美洲和南非的科学家为主成功组建了"桃金娘目林木锈病研究组"，该小组通过任务分工实现对桃金娘目林木锈病的系统研究。目前该小组关注的重点包括 *Austropuccinia psidii*（锈菌属）的进一步传播对未来经济和环境影响的预测；洞察 *Austropuccinia psidii*（锈菌属）寄主范围的扩大以及本土桃金娘目林木的感病程度；探讨 *Austropuccinia psidii*（锈菌属）生物学研究的关键空白，整合未来需要研究的重点问题；强化小组成员对已完成的 *Austropuccinia psidii*（锈菌属）全基因组序列数据的共享，并实现阶段性研究结果的快速共享；基于最近对 *Austropuccinia psidii*（锈菌属）生活史、有性生殖以及遗传多样性的最新认知，对病害控制和保障生物安全的促进作用；完善 *Austropuccinia psidii*（锈菌属）菌株鉴定的简便、高效方法，形成病原物基因型与"桃金娘目林木锈病研究组"中心数据库中表型关联的成熟方法，实现中心数据库的强大功能。

（五）桉树病虫害

桉树病虫害研究在世界范围内受到广泛关注，这一方面是因为已有的多种病虫害对桉树产业带来巨大的损失；另一方面是因为桉树的病原物和害虫一般分布于高温、高湿区域，有害生物的遗传多样性高且有害生物对选育的抗病虫桉树遗传材料适宜性强。目前及未来针对桉树病害的研究主要包括基于多基因序列的系统发生分析结合形态学特征对病原物的分类和鉴定；通过种群研究阐明病原物在不同地理区域和寄主之间的转移路径和规律；重要病原物的致病机理；病原物遗传演化引起致病性变化的机制；桉树不同基因型抗病性存在差异的分子机制；抗病桉树遗传材料的选育。

针对森林健康，除了以上阐述的 8 个方面之外，此次大会讨论的方向还包括森林与林火作业的关系、寄生生物对森林健康的影响、人为活动对森林健康的影响等。森林与林火作业的关系主要讨论了林火风险管理与森林工程管理相结合策略的实施与展望；寄生生物主要讨论了南美洲特别是巴西寄生生物对树木健康带来的威胁和防控；人为活动对森林健康带来的负面影响将越来越大，这必须引起更广泛的关注。要实现森林的健康可持续发展不仅仅靠森林病理、森林昆虫科研人员及相关管理人员的努力，也需要林业研究其他领域人员的广泛合作和协助，开展学科交叉的联合研究，更需要整个社会高度重视和积极参与。

森林生态与环境国际研究新进展与趋势

臧润国[1]　丁易[1]　史作民[1]　程瑞梅[1]　孙鹏森[1]　王晖[1]　张远东[1]

赵凤君[1]　刘泽彬[1]　周本智[2]　曹永慧[2]

（1. 中国林科院森林生态环境与保护研究所；2. 中国林科院亚热带林业研究所）

一、引　言

随着人类活动导致的土地利用与覆盖变化，地球正在经历一个前所未有的气候快速变化过程。森林是地球上结构最为复杂、物种最丰富的陆地生态系统，在提供生态系统服务方面发挥了至关重要的作用。森林提供了一系列与人类经济社会发展密切相关的生态系统服务，这些功能包括涵养水源、缓解气候变化、保护生物多样性等方面。2019 年 9 月 30 日至 10 月 5 日在巴西库里蒂巴举行的国际林联世界大会中，主要展示了当前国际林业行业在气候变化背景下的森林适应及其可持续经营措施、森林生物多样性保护和效率提升策略、利用遥感云计算等技术开展的森林资源调查、森林碳水养分循环与气候变化的关系、森林土壤微生物、人为或者核辐射干扰对森林的影响等方面的最新研究成果。

二、主要研究进展和趋势

（一）森林与气候变化

温度、降雨、大气二氧化碳浓度、极端气候等因素对森林具有重要的影响。除了定位长期观测之外，目前利用控制实验和自然梯度研究森林生态系统对气候变化的响应已经成为该领域的前沿。除了关注天然林，研究人工林生态系统如何响应气候变化也非常重要，例如，研究表明增温能够降低亚热带人工林土壤表层碳含量并提高土壤细菌多样性，进而为在气候条件适宜区域中森林对气候变化响应的研究提供了科学证据。

全球气候变化对森林的影响存在差异，而热带雨林是地球陆地生态系统最为重要的组成。目前的研究表明，亚马孙西南部包括 MAP 地区（秘鲁的马德雷德迪奥斯、巴西的阿克里和玻利维亚的潘多），该地区正在遭受气候变化和人为干扰的双重影响。SWA 是 2005 年和 2010 年严重干旱的中心区域，但是干旱对森林的影响在很大程度上是未知的。因此进一步加强该地区水分胁迫研究将具有重要的意义。

气候变化对森林碳水循环过程具有重要的影响。森林与水的交互作用、天然林和人工林水碳权衡的空间格局、森林生态恢复与保护中的水土关系、人类活动增加和气候变化情境下的森林与水的关系、森林干扰条件下的水文学阈值、美国东南地区气候变化对水量和水质的影响等内容均为当前的研究热点。在研究中需要综合考虑气候的影响，并且考虑人类社会、经济的发展对资源利用的影响，进而导致的森林和水资源的变化。人工林发展的不同阶段对水资源的消耗呈现不同的规律，对比天然林水分利用特征，可以更好地为森林经营管理提供策略和技术经验。当前对森林与水关系的研究亟需将人类活动和复杂流域条件纳入考虑，因为只有充分考虑到变化环境下的生态系统过程，才能更真实地揭示森林与水的实际关系。

森林碳储量和年降水量之间存在着权衡。森林可通过林下植被恢复迅速增加森林固碳量；但由于林下植被的迅速恢复和落叶松的自然更新，蒸散量会明显增加，使年降水量大大降低。在常规森林管理/经营下，土壤碳库量略有减少。气候变化对土壤碳储量的影响可能会被森林管理带来的效应所掩盖。70~100年前，较短轮作期会导致土壤碳库减少。全球陆地生态系统有机碳总量的40%以上储存在森林土壤中。合理的森林管理规范可维持和增加土壤有机碳。较高的树种多样性将有利于土壤碳的稳定性。凋落物产量和凋落物分解受物种和气候的影响明显。常绿阔叶林的凋落物总量高于其他常绿林；凋落物分解因冬季的凋落物质量和平均温度而异。

(二) 森林植被修复

人工造林是植被恢复的主要措施之一，也是快速提高森林植被覆盖、缓解生态系统退化的重要举措。热带干旱林是热带地区重要的植被类型之一，分布较多的特有种，具有极高的生物多样性保护价值。来自德国、巴西、赞比亚、哥伦比亚、芬兰等国家的学者报道了热带干旱森林生态和造林研究成果。了解土地利用变化的驱动因素，特别是该地区火干扰的影响对于干旱林的造林非常重要，另外选择合适的树种也非常重要，例如哥伦比亚热带干旱破布木 (*Cordia alliodora*)、苏丹塞内加尔刺槐 (*Acacia senegal*) 等。

水是植物和森林生长最为重要的限制性因素，因而水文过程是森林修复中最为重要的环节。目前的主要研究热点集中在森林恢复对森林生态系统水分利用和径流的影响。研究涉及了样地、斑块、区域等不同空间尺度，采用的方法也较为多样，包括野外实验观测、历史数据集成总结及模型模拟等。森林恢复会降低每年的水量交换，但从长期来看，通过森林的不断调节，将增加水分的可利用度；短期内森林的恢复会降低水分的可利用度，主要与区域气候、历史的土地利用、树种年龄、森林结构和土壤有关；森林的恢复应以降低水分利用、增加产流为主要目的。由草地恢复为森林后，土壤入渗速率将会提高，但不会达到原生林的水平；积极的森林恢复将促进土壤性质的改善和土壤入渗的速率。森林覆盖率的增加降低了水供应服务，提高保护服务，两者需要权衡；50%的森林覆盖率可能是保证增加水文功能的阈值。实施退耕还林工程后森林覆盖率的提高是含沙量减少的主因，而梯田作为水土保持工程的一部分，在减缓径流和泥沙排放方面也发挥了积极作用。河岸林的恢复可以提高泥沙的截留率，但显著减少了基流量。因此，通过在河岸地区恢复森林改善森林水文功能以提高供水量并不是最有效的方式。

(三) 森林地上和地下部分的关系

树木，特别是根系，影响着土壤的生物多样性、结构、各种过程及生物地球化学循环。同时，土壤的理化性质会影响植物的营养、生产力和多样性。植物根系和土壤微生物对于森林生态系统功能的影响是近年来林学研究的热点领域。随着微根管、高通量测序等新技术和新手段的应用，研究人员逐步揭示了森林地上和地下部分对生态系统功能的作用机制。人类亟需增进对森林中植物与土壤相互作用的认识，这是因为森林生态系统的众多服务功能是通过植物和土壤的相互作用实现的，包括固碳、防控土壤侵蚀和洪水的发生、提高土壤肥力等。植物与土壤的相互作用、树种对土壤碳储量和垂直分布的影响、固碳能力与菌根组合、土壤动物和土壤微生物特征的联系、植被对坡面径流和土壤水分入渗的调节机制、不同林分在凋落物分解和地下碳库方面的不同、温带和热带地区植物根系对海拔梯度变化的响应、丛枝菌根和土壤改良对生态修复工程的作用等，均成为本次大会的讨论热点。

（四）生物多样性保护

在过去的几十年中，人类通过土地利用活动给我们的生存环境，特别是野生动植物栖息地带来越来越大的压力。虽然在扩展的保护区系统内进行保护仍然是重要的优先事项，但许多本地动物物种在正式的保护区系统之外占据了经过人类改善建立的景观区域，并被认为在人与野生动物交界处不断发生冲突。因此需要进一步研究气候和土地使用变化对生物多样性的主要影响，研发关于人类与野生动植物共存的模型。

保护遗传多样性、研究稀有种分布具有重要的作用。另外当前对"林外树"的研究兴趣日益增加。事实上，这个概念是 1995 年提出的新词，在土地用途、土地覆被分类方面，属于"其他土地"类别。它们主要位于农业地区（如农林业系统、树篱、林地）或城市地区，如定居点和基础设施等建成区（如街道树木、公园和其他城市树木系统）和空地、沙丘、前矿区。因此，FAO 将"林外树"的森林分类界定为森林以外生长的树木，不属于"森林"或"其他林地"类别。当前的研究主要集中于林外树在城市景观中的作用以及城市林外树野外调查和遥感解译方法。森林中林木相关微生境（tree related microhabitats，TreMs）也能够影响生物多样性。目前欧洲多个国家构建了相关研究网络，甚至开发了普通大众可以参与调查的手机 APP。他们的研究更加关注森林树木中的树洞、树窝等微环境对脊椎动物和非脊椎动物的影响，能够探讨森林不同营养级生物之间的相互关系。

（五）生物入侵

森林是最重要的陆地生态系统之一，为人类提供了众多的生态系统服务。然而，外来入侵植物在森林之内和周围迅速扩散，所有类型的森林均受到入侵物种（主要是多年生木本植物）的威胁。这些入侵植物广泛传播，降低了森林的承载力，改变了它们的自然结构和组成。同时也妨碍森林生产力，减少当地生物多样性，并对生态系统服务产生深远影响。当前需要确定各种原因（包括与人相关的原因）和入侵物种在森林生态系统中的传播机制，评估它们对森林生态、生物多样性、生态系统服务和依赖森林的人们社会经济地位的影响。加拿大已经开发了外来入侵物种（FIAS）风险评估和缓解基于模型的决策支持系统（DSS），该框架可用于传递来自基因组学的 FIAS 特征信息，并预测 FIAS 入侵对森林生态系统服务（例如木材生产、休闲）的潜在影响。

（六）干扰对森林生态系统的影响

干扰广泛存在于自然生态系统，而热带地区的干扰类型、强度和频度则更加多样化。保护热带森林必须了解不同干扰体系对森林生态系统结构和功能的影响。这些研究将增进我们对于热带森林适应力的理解，包括热带森林应对多种驱动力变化的能力及在变化背景下维持其生物多样性、结构和功能的能力。气温升高和干旱对野火发生和火灾管理需求的影响、哥伦比亚热带季雨林多个树种的火后更新、莫桑比克的旱生疏林在刀耕火种农业模式后的更新动态、减少伐木对森林认证的影响、热带森林经营的再思考、解决热带森林退化的政策选择等角度，用来自于全球热带森林的科学证据，探讨了热带森林生物多样性和生态系统特性对不同的人为变化驱动因素（如气候变化、火灾、选择性砍伐、碎片化等）的响应。另外，需要进一步研究不同区域热带森林对多种驱动力的适应力，并量化其更新能力，从而预测具体的恢复时间；热带森林适应力在不同区域和不同驱动力组合中的变化；探索这些发现有助于为这些至关重要的生态系统带来更可持续未来的解决方案。

采伐对森林水文调控功能一直是林学研究的重要内容之一。为降低森林采伐的不利影响，在森林管理和森林道路建设中可使用可变源区（VSA）制图来减少土壤流失、河流污染和修改河流流量后带来的风险。现有研究结果表明有森林覆盖的山坡对集水区的水化学起着重要的调控作用。森林采伐会引起水质的改变，相比采伐前，森林砍伐后水体氮含量将增加4~6倍，但氮的可用性增加并未影响藻类生物量的数量，藻类生物量在整个研究期间保持相对恒定。森林砍伐后会造成流域水体内总阴离子含量、HCO_3^-的显著降低，其中SO_4^{2-}含量显著增加。

除了常规的火灾、森林采伐等干扰外，核辐射对森林生态系统的影响了解甚少。本次大会用2个专题回顾了切尔诺贝利和福岛2次核事故后森林受到核污染的研究现状，展示了核污染对森林生态系统组成及动态的影响、未来污染情况预测及相应的森林管理，以及对于森林植被放射性和稳定性核素生物地理化学过程的研究成果。在1986年切尔诺贝利和2011年福岛的2次核事故中，大气泄漏导致附近森林受到广泛的放射性核素污染，这些放射性核素包括半衰期很长的放射性铯、放射性锶和放射性钚。放射性污染的影响是多样的，并且在事故后长期存在。事故附近区域的林产品被严重缩减，包括木材、蘑菇等各类森林动植物产品。科学家对不同森林类型放射性核素的动态变化、核辐射对生物区系的影响、核素在生态系统内的迁移规律等方面开展全面研究。这些研究对我们掌握核污染物在不同森林生态系统、景观和大气中的生态行为具有重要作用。这些研究还涉及人类和野生动物在遭受外界和内部核辐射后的影响，以及群落在受到核辐射后的自修复行为。这些研究对于其他国家遭受核污染后如何应对具有重要的指导意义和参考价值。通过这次会议，组织者们希望未来能够成立一个关于森林辐射生态学和辐射保护的国际网络，拥有核电站的国家及其周边国家能够从切尔诺贝利和福岛核事故中学到应对经验，同时为可能出现的最坏情况做好准备。我们应当清醒地认识到，一旦核电站发生事故，森林遭受的核辐射污染将持续非常长的时间。

（七）森林资源调查新方法

随着遥感、物联网等技术的进一步提升，森林资源调查手段也得到了不断改进。近年来，新的遥感技术例如LiDAR、高光谱成像技术，以及新的天基遥感卫星平台，大大拓展了测定森林生态系统结构与功能特征的能力，产生了包括各类遥感技术手段定量化研究自然和人类管理的森林生态系统特征的方法，包括但不限于生物量、生物多样性、功能多样性和森林垂直结构等等。催生出例如大尺度监测与计算遥感分析技术；长期的、大面积监测森林健康与退化及树木死亡早期诊断的技术；从30厘米至30米多空间分辨率传感器森林覆盖度的评估；利用遥感时间序列分析森林的干扰动态等领域均有大量探索性、创新性的研究。当前各国都要求通过森林资源调查提供评估所需的框架而建立的全球数据库。当前需要建立统一的全球评估的概念基础，并提供免费的数据和软件。

（八）面向生态系统的森林经营和管理

全球对森林产品和服务的需求不断增加，由此产生的管理集约化导致对森林土壤的需求增加。化肥、除草剂、杀虫剂和其他化学品等投入也在增加，因此当前主要专注于研究如何在不损害生态系统服务的情况下满足不断增长的需求。在这个领域内，目前主要研究不同施肥强度、不同植被管理模式下人工林如何更快的生长。同时也研究了杀虫剂在不同尺度单元上对小班和流域尺度上生态系统功能的影响。另外结合数学模型，研究不同森林经营方式下树木生长模型也一直是重要研究议题。目前主要使用生物控制管理方法，但是在欧美部分森林中依然使用了杀虫剂进行经营。相比于我国的人工林经营，欧美发达国家更加注重集约化经营，对森林采用了更加细致的管理模式。

北方和山区森林（称冷森林）在寒冷的地区发展了数千年，如今已占全球森林的 1/3 以上。北方森林和山区森林极易受到气候变化和森林利用潜在变化的影响。这些森林为该地区生活的人们提供了许多重要的生态系统服务（如木材用于物质和能源，土壤保护，水流调节，生物多样性，娱乐等）。为使森林适应气候变化挑战，需要发展替代性森林管理模型，例如适应性强和具有风险适应力的可持续森林管理（ASFM）。由于社会经济条件，森林管理手段、措施和政策的多样性，气候变化和社会预测的高度不确定性，以及知识的缺乏，要求我们开发新的森林管理原则和战略。通过调查社会生态驱动力以确定当前和将来的状态，而确定森林的复原力、脆弱性以及森林景观的稳定性，需要以主要森林生态系统服务的综合评估为基础，并需要考虑与周围景观的紧密联系。跨境分析向 ASFM 过渡的区域性和共性特征，并确定从冷森林过渡到 ASFM 的国家和国际机制问题。

使景观走向可持续往往需要根本的变革或转变，这就要求对森林作为维持生物多样性和可持续提供生态系统服务的关键生态系统有一个整体的看法。这种理解对于多尺度的适应性管理以及评估可能增加或减少森林面积（包括过渡状态）的土地使用变化以及生态系统服务的可得性是必不可少的。这个思路主要强调综合景观层面视角的重要性，支持可持续性，实现森林平衡管理，将包括生物多样性和保护目标在内的多种目标纳入可持续发展目标（SDGs）。

三、总结和展望

回顾整个世界林业大会各个分会场报告内容来看，当前林业研究与生态学、社会科学的联合更加紧密。不同尺度和不同方向的基础研究为森林保护、林业政策的实施提供了重要科学依据。但是这些研究有时候在政策制定者面前显得还不具有足够的说服力，正如大会开场的主旨报告中讨论的那样，"Science is in trouble（科学处于困境）"。因此未来的林业生态环境还需要进一步整合不同的研究方法，提出更加有效的资源保护方法和技术，来适应气候变化背景下的森林生态系统管理要求。

面向可持续发展的林业研究与合作
——国际林联第 25 届世界大会成果集萃

森林造福人类

主旨报告

森林造福人类——科学视角

Maria Chiara Pastore

报告人简介： Maria Chiara Pastore 是博埃里建筑设计事务所的研究主管、米兰理工大学副教授。她于米兰理工大学获得空间规划和城市发展博士学位，其研究主要集中在与城市发展有关的水和环境卫生问题、非洲城市规划，以及与快速发展城市有关的适应性规划等问题上。近年开展工作包括：改善 2030 年大米兰地区的绿色系统——ForestaMi 项目（米兰 2030）；地拉那（阿尔巴尼亚）2030 年总体规划中的水景；马拉维住房部（GFDRR）的"更安全的房屋建设准则"；坦桑尼亚土地、住房、人民居住发展部的"达累斯萨拉姆市总体规划"；米兰 2015 年世界博览会的总体规划等。她曾是世界银行的顾问、第一届世界城市森林论坛科学委员会成员、格拉茨技术大学的客座教授。2018 年，她与劳特利奇出版社共同出版了《重新诠释水与城市规划之间的关系：达累斯萨拉姆市的案例》一书。

报告人主要从以下 3 个方面展开了论述：首先是森林与城市之间存在相互关系；其次是如何促进森林和城市的融合；最后是如何开展国际合作。

首先，Maria Chiara Pastore 博士从城市扩张与森林减少现状展开论述，报告指出城市约占地球陆地面积的 3%，但是产生了超过全球总量 70% 的能量消耗和 75% 的二氧化碳排放；同时，在过去几十年间，农业的扩张导致超过 70% 的热带雨林被采伐；由于土地用途改变产生的碳排放总量约为 13.8 亿吨（约 50 亿吨二氧化碳）。森林的情况又是什么样的呢？全球约有 3 万亿棵树，森林约占地球表面的 30.7%，保存了全球约 80% 的生物多样性，为地球提供了 40% 的可再生能源，最为重要的是森林吸收全球约 30% 的二氧化碳，这对于缓解全球变暖和应对气候变化有着重要作用，同时森林也占有旅游市场 20% 的份额。1990—2015 年，全球大约失去了 129 万平方千米的森林，相当于 1 个南非的面积。有研究表明，森林采伐是导致气候变化的第二大因素，大约占全球温室气体排放的 20%。城市扩张是气候变化的最主要原因（没有之一），是气候变化的罪魁祸首；反之，城市也是解决气候变化的重要途径。

根据之前的研究发展，除去现有的树木、农业以及城市用地，还有大量的区域空间可用于造林，预计可以储存 2050 亿吨的碳。到目前为止，全球森林恢复是解决气候变化问题最有效的方法。这些具有森林恢复潜力的区域面积超过了 9 亿公顷。所以这个宏大的计划需要建筑师、城市规划者、植物学家、农学家、地理学家、树木栽培专家、房地产开发商、政策制定者、管理者以及相关的国际组织、研究机构、大学共同参与，建立一种新的花园式城市环境。

其次，Pastore 博士就如何促进城市和森林的融合进行了论述。在城市里面建立一个垂直的森林体系会有什么好处？这样可以让我们每年减少 30 吨二氧化碳排放，增加 19 吨氧气供给，降低 30%的能量消耗以及减少热岛效应(-2℃)，增加城市生物多样性(20 种鸟类，59 种植物)，同时城市居民的健康支出也随之降低。以洛桑的建筑"雪松塔楼"(Tower of Cedars)设计为例，这样的建筑设计每年可减少 1.9 吨二氧化碳排放，增加 1.6 吨氧气供给；另外，荷兰乌德勒支的绿色城市发展项目(Wonderwoods)兼顾居住和公共空间 2 种功能，其在减少温室气体排放和增加氧气等方面作用显著。另外一个案例是埃因霍温的特鲁多垂直森林(Trudo of Vertical Forest)，属于一个公益类型的住房项目。

通过各种方法增加城市森林，实现城市去矿化(Urban demineralization)对于改善居住环境有着显著效果，例如降低空气温度(2~5℃)，增加经济收入(投入产出比 1∶5.3)，实现节能增效。另外，有些国家通过林业竞赛的方式，例如阿尔巴尼亚首都地拉那，将在 2030 年之前新增 200 万棵树木，意大利米兰也将在 2030 年之前将城市森林覆盖率从 11%提高到 20%，2019 年新增 10 万棵树木，以逐渐缓解米兰的城市热岛效应问题。中国有些城市也是森林城市建设的典范，每年新增森林 175 公顷，可固定 800 吨二氧化碳，释放 960 吨氧气，支撑约 30000 人。报告指出，可持续城市建设需要从电力、水、森林、交通、垃圾处理、绿色建筑冷却系统等多个角度出发，例如利用太阳能、风能等新能源，开展海水淡化，优化城市电力供给结构，以减少化石能源消耗与空气、水污染，实现城市可持续发展。

接下来介绍了联合国粮食及农业组织(FAO)提出的非洲绿色长城计划(the Great Green Wall Project)，该计划旨在撒哈拉沙漠以南的国家开展森林恢复与景观修复计划，例如埃塞俄比亚等，以及世界公园、欧洲绿色基础设施等增加城市森林的项目。

（整理、记录：郑勇奇　黄平）

森林造福人类——政策视角

Purabi Bose

报告人简介：Purabi Bose 的工作对象是那些依赖森林维持生计的群体。作为一名人类学家和林地利用政策专家，她在各领域拥有广泛的专业背景，包括与非政府组织、慈善机构、学术界、智库、国际研究中心如国际林业研究中心（CIFOR）和国际热带农业中心（CIAT）等合作，以及近期为国际乐施会（Oxfarm）和联合国粮食及农业组织（FAO）提供咨询服务。她曾因工作原因居住在哥伦比亚、印度、印度尼西亚、尼泊尔、荷兰和德国，此外还在巴西、玻利维亚和乌干达开展野外工作，重点关注森林权力下放、性别和多样性、土地使用权和治理。目前，通过自筹资金，她已经导演了 5 部短片和 1 部名为《瓦西扬》（又名《森林居民》）的长篇电影，讲述了护林人的声音。她取得了荷兰瓦赫宁根大学的跨学科林权博士学位。最近与他人合著的出版物有《拉丁美洲妇女获得农田和公共森林问题特刊》（2017 年）、《旱地森林》（2016 年）和《性别、能源和可持续性》（2018 年）。她与国际林联"林业中的性别平等"特别工作组以及国际自然保护联盟的环境、生态和社会政策委员会等一起开展公益活动。她的主题演讲重点关注缩小森林科学群体中的鸿沟，以便更好地与人民沟通，包括森林保护者、采掘业从业者、自然资源保护主义者、律师、学生和政府等。

不同的群体对林业科学知识的理解和领悟是不一样的，森林维护者、天然林砍伐者、保护主义者、律师、学生、政府及官员等不同职业者在对林业科学知识的理解和把握上肯定存在差异和偏差，如何加强交流、沟通和理解以缩小这一理解偏差和鸿沟，将是今天我报告的重点。

为人类服务的森林，或者说，人和森林的关系在不同的语言中有着不同的表述，但核心意思是一样的，即森林和人的关系。进一步来说，就是森林和森林相关者的关系，其中最密切的是森林与附近居民的关系。我出生并成长在印度的一个林区，我的祖祖辈辈都生活在那里。我的先祖 Jagadish Bose 爵士（1901）指出，"我们周围的植物正在相互交流，它们也会同附近的人进行交流，只是我们经常没有意识到这些频密的交流"。所以，最重要的是如何用简单的方法做到更好地交流沟通，以达到相互之间的理解，并准确把握对方的诉求。一方面在信息交流过程中要保证所有的利益相关方都能平等地参与，这是开展有效交流的前提；如果不能做到这一点，交流将很难有效，更不能缩小双方由于林业科学知识理解的差异而产生的鸿沟。在保证森林演替更新和人类持续发展需求方面，不同群体在科学的理解上明显存在着差异，需要通过平等和耐心的交流发现解决方案。在印度的西孟加拉邦有一个 Santhal 部落，从比尔普姆这一地点开始，有土地的地方就有森林，这里有着大片的天然林资源。然而，这里曾经发生过世界上最大规模的以保护森林名义驱赶当地200 万土著居民的事件，问题的关键就在于不同群体间对森林科学的理解出现了偏差，在没有进行有效交流的情况下能匆忙做出决定。难道保护就只能把当地人赶出森林？出现这种问题主要就是不同利益相关方之间交流不畅，没有把知识、经验和智慧相互结合起来，没有通过平等的交流把知识和经验进行融合，然后上升为智慧来解决问题。智慧是知识和经验在交流过程中相互撞击形成的初步产物，然后再经过精心加工而形成的。当今，如果把土著居民、野生动植物保护同天然林采伐者、商业化人工林经营者和生物多样性减少等关键问题叠加起来放到社交媒体工具上检索，你会发现每秒有 6000 个左右推特，每分钟有 35 万个推特。当我们通过这些工具检索"森林和当地居民"时，80% 的内容发生在热带地区。这同世界人口增长需要更多农耕地、热带雨林木材需求增加和热带雨林面积不断减小有关。合作共有森林土地所有制经营的模式有利于当地人的生活，这是大家普遍的共识。促进农产品工业化生产所相应产生的大面积机械化农业作业对当地居民生活和生物多样性保护两方面来说都是损失。刀耕火种会导致毁林，难道通过驱逐当地居民所开展的保护就是最好的选择？答案是否定的，在森林中开展非木质林产品生产就是一种有效的生产方式。科学家需要选择有典型代表性的当地社群开展交流，或者是全方位开展交流，比如说在印度，水对当地居民来说十分重要，在一个不缺水的地区进行社区群体交流可能会带来认知的误差。

据路透社芝加哥报道，目前世界上 2 个最大的日用品公司雀巢和宝洁公司已经发布公告，它们无法达到预先设定的 2020 年前公司所使用的原料不来自于采伐后生产产物的目标。也就是说，这 2 个公司的部分原材料将来自于采伐后的生产。这进一步说明，目前在减少毁坏热带天然林这一世界性问题上没有取得国际性的重要进展。当然，这也是导致热带雨林火灾问题越来越严重的原因之一。归根结底，还是没有找到有代表性的利益相关方开展有效交流、沟通和研讨的机制，没有把知识和经验总结成智慧，没有找到有效解决问题的方法。

另一方面，我们的政治精英会听取科学家的意见吗？答案可能是否定的。目前看来政策制定者 90% 的信息来源为社会媒体，而不是科学论文，他们是不会阅读科学论文的，科学知识缺少传播到决策者耳朵里的途径，决策者也很难静下心来精心阅读并理解林业科学的真正内涵和意义，更难把这些科学用到政策制定方面。要同时重视森林繁衍演替和人类的科学合理需求这 2 个方面，让所有利益相关方平等地参与交流，在充分利用现有科学知识的前提下，制定一个切实可行的政策法规，这样才有可行性。在群众运动过程中，抗议者和反对者通常被定义为罪犯，他们在表达诉求过程中得不到重视，不能真正做到平等地交流和沟通，最后导致问题发展得越来越大，难以解决。

国际林联一直致力于促进并强调男女平等，这次注册的代表中有 40% 以上为女性代表，充分反映在参与上和性别上的平等性。在整个交流和沟通过程中，性别和群体的多样性是十分重要的 2 个方面；如果性别和群体的多样性得到了维护，有关林业的交流就前进了一大步。为了寻求更好地沟通和交流，在科学和智慧之间需要搭建一座桥梁。林业科学强调的是方法、数据和结论信息，智慧是复杂关系下所体现出来的关爱、经验和高瞻远瞩的洞察力，这二者之间需要一座桥梁进行连接。国际林联正是连接森林、科学和人三者之间的有效载体。我们这些国际林联的代表，能够充分地理解林业科学，与不同的利益相关方进行有效地交流，与政府和官员进行有效的沟通，架起一座理解的桥梁。

最后我引用著名文学家拉宾德拉纳特·泰戈尔的名言"群树如表示大地的愿望似的，踮起脚来向天空窥望"。希望这一名言能帮助大家开启有效沟通和交流。

（整理、记录：徐大平）

会议报告摘要

亚马孙森林经营中的女性空间，巴西阿马帕州案例研究

Ana Margarida Castro Euler

（巴西农业研究公司）

阿马帕自治州位于巴西亚马孙河东部，历史上森林砍伐率很低，自然保护区占该州土地面积的73%。这是唯一一个在政府部门内女性平均工资高于男性的州，也是巴西亚马孙地区唯一一个拥有专业林业研究机构的州，其职能包括林业推广、保护区管理、森林特许经营权和环境服务。2011—2014年，首次由女性森林工程师担任林业研究所（IEF）负责人。此前，州政府中只有不到20%的行政职位由女性担任。IEF面临经费来源短缺等挑战，但由于该地区森林覆盖率达80%，经营工作需求巨大。该机构曾获注册第一个州级公有林、实施第一个州级林业工程、开展第一个公益林特许经营权招投标工作等显著成果。由IEF发起的"森林采运支持计划"，帮助了1500户农业生产者、非裔黑人、原住民和滨河社区；每周广播的"森林之音"电台节目，为传播林业相关的市场、政策和项目信息提供平台。在木材企业方面，一个较为突出的问题是这些公司大多采纳家族式经营，经营方式落后。此外，公有地权寻租存在严重贪污腐败，易引发多方冲突，并且立法议会中的大多数代表并不支持传统社区的权益和环境保护工作。

（王彦尊　译）

肯尼亚大学林业教育中的性别平等

Jane Kirag

（肯尼亚埃尔多雷特大学）

女性在全世界的造林和经营方面发挥着重要作用，在发展中国家，尤其在肯尼亚，更是如此。参与苗圃建造和造林的大多都是女性，但在管理岗位上，女性人数明显不足。约90%的农村家庭通过燃烧薪柴做饭、取暖和照明，而这些薪柴主要是靠妇女和女孩去林子里捡，而男孩则是在田野里玩耍或照看牛群。如果能鼓励男性和女性都去农场里参加植树劳动，就能节省很多不必要的时间。但在肯尼亚，由于土地所有权、林权、政府政策、土地面积、作物条件和文化问题，推动男女共同造林并不是件容易的事。为了促进林业发

展，在林业部门和林业决策部门应该给予女性更多的机会担任决策职位。我们应该宣传鼓励女性竞选这类职位，并赋予她们与男性竞争对手同等的地位。政府已将"男性与女性职位数比例为 2∶3"的规则写入宪法，但在实际中尚未落实。我们需要深入的研究，以探讨为什么在森林相关部门女性工作人员相对更少，并探索如何改变这种状况。

（王彦尊　译）

女性在森林管理政策中的地位：拉丁美洲和亚洲实证研究

Purabi Bose

（印度纪录片《携手着陆（Landing Together）》摄制组）

国家森林政策草案是林业相关的所有法律和计划制定的指导方案。在《2018 年国家森林政策草案》中搜索"妇女和性别"一词，结果显示"无"，而在印度政府 3 月份发布的长达 10 页的政策草案中，木材、经济或木材等词汇反复出现。同样，拉丁美洲哥伦比亚的森林政策表明，在集体森林管理、特别是农林领域发挥女性的积极作用仍然面临着挑战。本文就拉丁美洲和亚洲女性在森林政策中的作用进行了比较分析。以拉丁美洲的墨西哥、哥伦比亚和亚洲的印度、印度尼西亚作为实证研究案例。这项研究使用初级和次级数据来展示近期的森林政策是如何影响农村地区和原住民地区的女性。调查结果表明，森林政策很少使用"妇女"或"性别"等词来肯定女性在森林管理中发挥的积极作用。第一个挑战便是解决这一问题，即环境部要承认，政策草案没有讨论森林、树木、农林复合经营和造林方面的性别平衡和女性问题。下一步必须为社会和性别包容提供对话途径，并确保包括女性在内的环境保护者，能够受到印度的森林政策的保护。基于这些措施，这篇论文指出了保护印度森林和依赖森林的社区机会。

（王彦尊　译）

国土规划多方利益相关者委员会的环境、权利和公平：对巴西不同的两个州进行比较

Jazmin Gonzales Tovar1[1,2]　Grenville Barnes[1]　Anne Larson[2]

（1. 美国佛罗里达大学；2. 国际林业研究中心）

巴西对"生态-经济分区"（ZEE）进行监管，将其作为一种国土规划手段，旨在通过多方利益相关者论坛（MSFs）和其他参与机制，规划土地和自然资源的可持续利用。多方利益相关者论坛作为土地利用和森林经营方面的一项创新性体制改革在全球范围内广受欢迎。在国土规划中，其理念是将不同的利益相关者齐聚一堂，以促进"善政"和"可持续发展"（例如 Nolte 等 2017 年发表的文章）。然而，国土规划和多方利益相关者论坛都是一把双刃剑。例如在推进某些目标、加强某些土地使用权时，某些利益相关者以牺牲其他人利

益为代价。这些利益相关者要么挑战其不平衡的权利，要么只是使其产生不平衡（例如 Kohlepp 于 2002 年发表的文章）。基于 10 个月的研究，我们比较分析了阿克里州和马托格罗索州的生态-经济分区而创建的多方利益相关者委员会，位于亚马孙流域的巴西这 2 个州有着非常不同的特点和历史。本文深入探讨了国家和区域环境的影响，以及利益相关者之间如何对权利进行实施、分配和分享。我们通过统计学的定量研究法和差异化问卷中收集观点和经验证据。研究发现，当土地利用规划多方利益相关者论坛是从包括地方运动、文化、身份和差异的历史背景中产生并得到发展，而不是从自上而下的技术官僚体系中产生时，就会更有机会促进平等的权利关系。我们的最终目标是提供一个批判性分析，并阐明如何提高多方利益相关者论坛在土地利用、森林和当地人民福祉方面的公平性。

（王紫珊　译）

结合景观治理与全球商品市场的制度变迁研究

Pablo Pacheco

（世界自然基金会）

人们对综合景观治理方法在实现景观可持续性方面的潜力共识逐渐深入。这些共识强调社会-环境的动态性，却未能认识到在全球供应链如何塑造和影响景观功能表现方面还存在更大的可持续性挑战。转型期景观面临的可持续性挑战主要来自全球粮食、能源和材料采购的压力，这些压力与不同的金融和企业利益相关。通过企业对零森林砍伐的承诺和政府以可持续土地利用为目标的监管框架来支持可持续景观的努力面临着一些障碍。主要问题：①与景观发展具体路径相关的遗留问题，在一些经济较为发达但森林较少的地方可能取得更大进展；②监管不力，森林砍伐往往发生在治理不善的地区，因为那里依然存在获取经济租金的短期利益。③合法性，解决方案往往倾向于加重景观不平衡的权利关系，参与度不高的农民往往被排除在外。解决森林砍伐和森林退化问题需要更多的结构性解决方案，需要将供应链中企业利益相关者的系统变革干预措施与国家跨地域政策联系起来，这些政策包括经历了社会经济发展和资源利用不同阶段的景观相关政策。本文通过研究巴西和印度尼西亚的具体案例，主张企业更广泛地参与"基于景观的解决方案"（仅限于零砍伐森林）和"综合治理机制"，以处理景观遗留问题和监管不力问题，以及每一个特定领域的权利差异和竞争价值观问题。

（王紫珊　译）

整合多重知识体系应对复杂林业政策挑战：
基于大规模基因组学调查的见解

Shannon Hagerman[1]　Robert Kozak[1]　Guillaume Peterson[2]
Richard Hamelin[1]　Sally Aitken[1]
（1. 加拿大不列颠哥伦比亚大学林学院；2. 加拿大不列颠哥伦比亚大学）

整合多重知识体系被广泛视为应对复杂环境林业政策挑战的重要措施。林业研究涉及多学科，但整合多学科知识的能力往往欠缺。认识到这种整合难以实现，一些资助机构尝试通过明确提出需要整合自然和社会科学见解的要求来解决这一问题。加拿大基因组（Genome Canada）开展了 GE^{3}LS 项目（基因组学与社会学交叉项目），鼓励多学科整合，具体来说，即在开展基因组学研究时纳入道德、环境、经济、法律和社会因素。AdapTree 和 CoAdapTree 是 2 项应对新气候条件下遗传学和再造林选择的大型跨学科林业科研项目，我们从其共性中汲取经验。我们探索了 3 个整合的案例，并提出以下问题：整合什么？由谁整合？在研究的哪个阶段整合？整合将要/应该实现什么？我们的研究是基于这样一个前提，那就是有效整合时常常遇到一种阻碍，即以为各研究团队和利益相关方对"整合"的目的和意义都有共同的理解。我们将通过区分知识架构（例如认识论差异问题，包括西方科学和本土知识体系之间的差异）和项目架构（例如与沟通、信任、制度激励有关的问题），来确定成功因素及长久难题。

（申通　译）

巴西防控亚马孙流域森林砍伐案例展示：亚马孙森林砍伐
预防和控制联邦行动计划的起源和结果

Mayte Benicio Rizek[1]　Anne Larson[2]　Juan Pablo Sarmiento[2]
（1. 巴西里约热内卢联邦大学；2. 国际林业研究中心秘鲁办事处）

巴西工人党首次执政期间（2003—2006 年），将解决森林滥伐问题列为总统重要事项议程的主要内容，巴西政府制定了《亚马孙森林砍伐预防和控制联邦行动计划》（PPCDAM）。13 个联邦机构组成了跨部门工作组，由巴西参谋长办公室领导。各机构制定了战略规划，2008 年森林砍伐率比 2004 年降低超过 50%。本研究基于 3 名召集人和 18 名中层官员的看法分析了 PPCDAM 的政治根源和方法，这些召集人和官员曾经或仍在 PPCDAM 议程工作，并代表了环境利益（如保护目标）及生产利益（包括传统利用、矿业和农村发展利益）。本研究以 7 位非参与者利益相关方采访、官方文件和第三方评估研究作为补充。该研究作为 CIFOR 对多利益相关者论坛中综合方法全球研究的一部分，结果表明，当联邦政府赋予政治权重和预算优先权时，PPCDAM 改变了巴西应对毁林的方式。这种改变的实现是通过由遥感技术支持的多机构联合指挥控制行动、在行动后积极提供公共服务以补偿行动带来的经济影响、提高对可优化资源的土地利用规划方式的认识（包括在森林砍伐热点地区建立保护区等）。尽管许多活动主要针对地方的表现，但一些地方政府仍未深入参与。因此，PPCDAM 未能改变地方的经济格局，非法砍伐者只是转而应对遥感技术的控制。

（申通　译）

乌干达森林砍伐分类阐释：林业部门去中心化，保护区和机构的角色

Michaela Foster

（美国纽黑文耶鲁大学）

去中心化已被视为森林治理的有效战略。全球决策者已开展去中心化改革，旨在改善环境条件和农村生计。许多研究分析了国家去中心化的影响，并开展案例分析，展示改革效益的各种证据。然而，很少有研究调查去中心化对保护区等现有保护措施的效益影响。本研究采用了综合方法分析 2000 年以来林业部门去中心化对乌干达保护区森林覆盖率变化的影响，调查改革新型林业管理机构如何影响地方森林产出。乌干达将森林管理的权力下放给 3 个机构：乌干达野生动物管理局、国家林业局和地区森林服务局，以便之后对每个机构管理的地块的森林砍伐结果进行比较。本研究考察了每个机构独特的制度安排，包括机构任务、能力和管理规则，在改革后发生了何种变化，以及怎样开展森林管理，在保护区形成异质性效应。研究结果提出了有利于有效治理和保护的制度，同时，研究结果有助于在保护区治理中权力下放所带来的机会和限制方面汲取经验。

（申通　译）

难题跨界治理：美国西部野火治理案例

Benjamin Gray[1]　Daniel Williams[2,3]　Carina Wyborn[1]　Laurie Yung[1]

（1. 美国蒙大拿大学；2. 美国林务局落基山研究站；3. 瑞士格兰德卢克霍夫曼研究所）

降低野火风险是个极其棘手的社会经济问题。气候变化和城镇森林交接区域持续发展等因素导致美国西部野火问题日益严重。由于西部私人土地所有权和地方、州和联邦政府管辖权的混杂，导致无任一当局能够在景观尺度上直接或强制地开展降低野火风险的工作。因此，要想有效降低野火风险，机构间需协调合作、行动一致开展野火治理。治理指个人和机构（公立机构和私立机构）以正式和非正式的规范和规则来管理其共同利益的方式。本项目选取在美国西部 2 处大型园区通过分析森林火灾和森林管理专家访谈，研究推

动和阻碍跨所有权和管辖权火灾风险共同治理的机构工具、工作安排和文化因素。我们发现，与少数正式组织在灭火方面持续存在的跨管辖权挑战相比，由于对森林健康和森林管理的不同理念、公民个人意愿、某些预防措施的成本以及参与森林和野火管理的诸多政府部门的独特使命等原因，导致火灾风险防范仍是一个极其棘手的问题。幸而，每个调查园区中，研究对象能够通过跨机构和所有权合作，提升其野火风险防控能力，满足其各自利益相关者的需求。

（申通　译）

可持续发展目标及其对森林和人类的影响

Pia Katila[1]　Carol J. Pierce Colfer[2,3]　Wilhelmus de Jong[4]
Glenn Galloway[5]　Pablo Pacheco[2,6]　Georg Winkel[7]
（1. 芬兰自然资源研究所；2. 国际林业研究中心；3. 美国康奈尔大学；
4. 日本京都大学；5. 美国佛罗里达大学；6. 世界自然基金会；7. 欧洲森林研究所）

本报告是对此次会议的概述，主要介绍了国际林联"世界森林、社会与环境"特别项目（IUFRO WFSE）新书《可持续发展目标及其对森林和人类的影响》和该书的编撰过程。可持续发展目标正式通过之前，人们已然开始探究和深入讨论森林对实现目标的潜在贡献。为实现 17 项可持续发展目标，人们采取了一系列措施。然而，这些措施将会给森林和人类带来怎样的影响，反之这些影响又将如何削弱森林对于减缓和适应气候变化的作用，甚至延缓可持续发展进程等却很少引起人们的关注。本书采用跨学科视角，就这些措施对森林和相关社会经济体系和发展前景的潜在及预期影响开展了系统、科学的评估。本书讨论了影响可持续发展目标实施和其优先次序的背景条件，以及这些条件和实施工作如何影响森林和相关社会经济体系。此外，它还从森林和相关的社会经济体系出发，考量了各个可持续发展目标之间的重要相互联系、潜在的或预期的权衡与协同作用，同时揭示了它们是如何改变当下与森林有关的发展趋势，并影响森林在未来可持续发展中的作用。

（王彦尊　译）

可持续发展目标对森林和人类的多重影响

Wilhelmus de Jong[1]　Pia Katila[2]　Carol J. Pierce Colfer[3]
Glenn Galloway[4]　Georg Winkel[5]　Pablo Pacheco[6]
（1. 日本京都大学；2. 芬兰自然资源研究所；3. 国际林业研究中心；
4. 美国佛罗里达大学；5. 欧洲林业研究所；6. 世界自然基金会）

林业专家揭示了森林对实现可持续发展目标的潜在贡献。需要解决的一个基本问题是，《2030 年可持续发展议程》如何影响森林和森林承载量，从而为依赖森林维持生计的人们以及整个社会提供所需的多种商品和服务。我们将介绍国际林联"世界森林、社会与环境"特别项目(IUFRO WFSE)出版的名为"可持续发展目标及其对森林和人类的影响"一书中"综述和发现"章节。许多可持续发展目标与其所属的政策领域有关，预期未来也将对森林和社会的相关部门产生影响。实施可持续发展目标过程所产生的影响受国际、国内、地方甚至是森林景观本身所制约，这些层面又有多种因素影响可持续发展目标优先级设定和实施。可持续发展目标对森林和人类的影响方式十分复杂，不仅因为诸多因素制约其实施，还因为多个可持续发展目标同时实施会相互产生影响。我们有可能抓住多目标协同发展的机会，以产出更理想的结果，或发现并设法处理不可避免的矛盾。认识到实施可持续发展目标的双重影响以及协同发展和权衡取舍的重要性，使我们在实施过程中能够有更多的选择。该书有利于帮助我们辨明影响可持续发展目标有效实施的环境因素和条件，认识到协同发展和解决矛盾的机会，并确定既能提升可持续发展目标实施成果，又能对森林、人类产生更积极影响的可替代行动方针。

（王彦尊　译）

可持续发展目标及其对森林和人类的影响：
来自全球协作图书特别项目的结论

Georg Winkel
（欧洲森林研究所）

可持续发展目标是推进可持续发展制定的全球性议程。因此，它们对世界森林和依赖森林生存(直接或间接)的人类具有至关重要的意义。本报告总结了国际林联"世界森林、社会与环境"特别项目(IUFRO WFSE)出版的名为"可持续发展目标及其对森林和人类的影响"一书中的"结论"章节。该章由多位编辑联合撰写，并得到许多参与本书撰写作者的支持。首先，它回顾和呈现了可持续发展目标的本质，即目标和方法的结合，这些目标和方法发源于不同的部门政策，它们之间又存在着协同效应或矛盾。随后，该报告阐述了森林在可持续发展中所发挥的独特作用，又反过来论证了可持续发展目标对森林和人类可能产生的影响。该章主要讨论了关键的环境因素、与森林相关的不同发展方式，以及接受这些不同发展方式的必要性，包括权衡取舍的必要性以及遵循可持续发展的普遍原则的可能性等问题。报告最后从森林相关的发展角度评估了可持续发展目标概念本身的"发展潜力"，也探讨了未来的研究前景。

（王彦尊　译）

可持续发展目标对森林的影响：
基于深化当前认识的视角讨论

Pablo Pacheco

（世界自然基金会）

本报告是对国际林联"世界森林、社会与环境"特别项目（IUFRO WFSE）出版的《可持续发展目标及其对森林和人类的影响》一书的一次批判性思考。这本书认为，在特定的条件下，可持续发展目标的实施将影响森林和依赖森林维持生计的群体，从而促进或削弱森林在气候和发展方面的作用。这为了解可持续发展议程对森林的作用和影响提供了重要基础，这些作用和影响未来有可能影响政治层面或社会层面的决策。尽管如此，为深入了解实施可持续发展目标对森林的影响，需要采取以下行动：①深化对不同社会发展方式和自然资源利用方式影响的地方的认知，以便更好地预见在不同类型的地方或国家特定环境下，实施可持续发展目标对森林可能产生的影响；②采用系统和动态的视角看待同时实施多个可持续发展目标对森林和森林与人类的关系造成的利弊得失，使它们之间形成协同效应或权衡取舍；③在食品安全、可持续能源发展、经济增长和减缓气候变化等更广泛的议程下，对森林未来面临的威胁和机会进行更广泛的审视，因为在未来，这些目标很可能无法全部实现，而取舍是不可避免的。采用这些视角可能有助于可视化实施可持续发展目标的最有效途径，从而既可以保护森林生态系统服务，又有助于不同程度地改善人民的生活水平和促进低碳发展。

（王彦尊　译）

沉浸式森林经营决策三维可视化系统研究

张怀清[1]　李永亮[1]　杨廷栋[1]　谭新建[2]

（1. 中国林科院资源信息研究所；2. 中国林科院亚热带林业实验中心）

利用三维可视化技术，结合树木多样性模型、林分结构与生长模型，以及森林经营模型，在森林资源调查数据的基础上，构建沉浸式森林经营决策三维可视化系统。在树木建模中，利用动态分形算法，提出了一种基于形态结构动态自调整的参数化建模方法，实现了不同类型、不同环境条件下的树木参数化建模。研发了林分水平和垂直参数的三维可视化模拟方法，结合环境因子和林分结构分布参数相互关系以及森林生长模型，建立了基于智能模型代理和动态参数的林分可视化模型，实现了不同结构和环境条件下的林分生长动态可视化模拟。在 Unity 3D 开发环境下，研发了沉浸式虚拟森林三维可视化环境，该环境系统通过构建 320 度环形超高分辨率三维显示墙、位置跟踪和传感器组成的沉浸式虚拟现实系统，利用森林资源调查数据，构建了多感知交互模式的森林经营辅助决策三维可视化系统，突破了森林结构、生长和经营等交互直观表达的难点，为提升森林资源预测分析和经营管理决策提供新的技术手段。

农民收入与道路对森林转型的影响

赵晓迪[1,2]　李凌超[1]

（1. 北京林业大学经济管理学院；2. 中国林科院林业科技信息研究所）

【目的】研究农民收入与道路状况对森林转型的影响，为推动区域社会经济与森林生态协调发展提供参考。

【方法】基于福建省 32 个典型样本县 2000—2016 年的遥感影像获取森林覆盖数据，结合社会经济统计数据，利用分位数回归方法研究不同资源禀赋条件下农民收入水平与道路状况对森林转型的影响，并进一步探索农民收入与道路状况的动态匹配对森林转型的作用，分析道路对农民收入作用的调节效应。

【结果】①农民人均收入水平对森林面积增长具有显著的促进作用，并且在森林资源禀赋适中的地区，人均收入对森林转型的促进效应较大，而在森林资源禀赋较为丰富或相对匮乏的地区，人均收入对森林转型的促进效应较小；②农村道路密度对森林面积具有显著的负向影响，森林资源禀赋越高，道路密度对森林面积的负向效应也更大；③农村道路密度下降和农民收入增长的同时发生更有助于促进森林转型。在其他条件不变的情况下，农村道路密度越低，则农民收入对森林转型的综合影响效应越大。

【结论】农民收入增长是促进福建森林转型的重要因素，而道路设施将对森林转型产生负向作用。不同的森林资源禀赋条件下，收入水平和道路状况对森林资源的影响效应不同，且道路密度会对收入的效应产生负向调节作用。

如何为中国当地小农林业选择合适的家庭林业合作组织

谢和生　何友均　王登举

（中国林科院林业科技信息研究所）

中国开展集体林权制度主体改革以来，集体林区的许多当地农村出现了林业专业合作社、家庭合作林场和林业专业协会等这 3 种主要类型的家庭林业合作组织。基于永安市 143 个样本村，利用永安市林业局集体林改统计系统和市政府农村统计网，以及问卷调查、农村参与式调查和典型调查等方式获取村级数据，通过无序多分类 Logistic 回归和逐步回归对样本村选择家庭林业合作组织意愿的影响因素进行分析。结果显示回归模型的最小 AIC 值为 67.06，McFadden 卡方值为 0.86，模型拟合良好，回归结果可信，农村社区民族属性、农村森林资源类型、合作社法出台前后、拟加入组织的土地规模、村党员数量、农村与城镇的局里、外出务工人口比例和农村户均林地面积等自变量有很强的解释能力，但林产品销售情况等行情变量影响不显著，在逐步回归中剔除。研究结论认为，与林业专业协会相比，林业专业合作社和家庭合作林场，尤其是林业专业合作社，由于拥有良好的政策环境，当地农村选择这类组织最多，当地畲族村，或以木材或竹子资源经营为主的农村，拟加入合作组织的林地或农村户均林地规模越小，当地农村党员数量越多，或距离城镇越远，或外出务工人口比例越大，越容易选择这 2 种合作组织类型。今后发展和推广当地的家庭林业合作组织要重点考虑当地实际的村情、林情和政策环境。

面向可持续发展的林业研究与合作
——国际林联第 25 届世界大会成果集萃

森林与气候变化

主旨报告

森林与气候变化——科学对话

Werner Kurz

报告人简介：Werner Kurz 是加拿大林务局的一名资深教授，25 年来，他一直致力于研究森林和林业部门在碳循环中的作用。他主导推动了加拿大国家森林碳监测、核算和报告的进程，并参与实施太平洋应对气候变化研究所的系统建设和森林碳管理项目。Werner Kurz 与他人合著了政府间气候变化专门委员会（IPCC）的 6 份报告，并发表了至少 125 篇经同行评议的科学论文。他被聘为不列颠哥伦比亚大学和西蒙弗雷泽大学的兼职教授。获不列颠哥伦比亚大学森林生态学博士学位和瑞典隆德大学荣誉博士学位。2016 年，他被任命为瑞典皇家农林科学院外籍研究员。其研究方向主要包括森林和采伐后林产品的碳动态，以及林业部门如何减缓气候变化。

  随着人类活动导致的土地利用与覆盖变化，地球正在经历一个前所未有的气候快速变化过程。存储在地球中的化石燃料用于工业和生活能源，大量温室气体排放直接导致地球表面温度升高、极端气候频率增加、地球两极冰川融化、海平面上升等。这些威胁严重影响了人类的生存和社会的可持续发展。森林是地球上结构最复杂、物种最丰富的陆地生态系统，在提供生态系统服务方面发挥了至关重要的作用。随着全球温度的不断升高，森林在缓解气候变化过程中的作用日益凸显。因此，国际林联第 25 届世界大会的其中一个主旨报告即探讨在全球气候变化的背景下森林将如何适应这种变化。主旨报告发言人为加拿大林务局的资深教授 Werner Kurz。Kurz 教授过去 20 多年一直从事碳循环过程中的森林和森林部门活动的研究，主要集中在森林碳动态、木材产品获取等活动对缓解气候变化的作用。Kurz 教授同时领导并发展了加拿大国家森林碳监测、计量和撰写报告等工作。他是政府间气候变化专门委员会（IPCC）发布 6 份报告的共同作者之一，先后发表了 125 余篇论文。

  在主旨报告中，Kurz 教授首先强调了科学研究已经非常明确地表明，人类活动已经导致全球温室气体浓度增加。其中，二氧化碳浓度已经从前工业时代（1850 年）以来，上升了近 50%，全球平均温度升高了 0.9℃，而陆地表面的温度升高了 2 倍。气候变化产生的效应已经在全球浮现，例如飓风、森林病虫害、火灾、树木死亡等。这些自然灾害也进一步增加了温室气体排放，改变了能量平衡。因此，21 世纪的一项重要内容就是净负排放，也就是大气层中二氧化碳减少量必须高于排放量。为实现这一目标，土地的作用将更加重要。IPCC 发布的《全球 1.5℃ 增暖特别报告》中强调，必须减小排放量，增加土地碳库，但由于减少排放量的时滞效应导致需要更多的土地碳库。面对日益严重的全球气候变化，Kurz 教授呼吁人们必须重视每一吨温室气体的排放，以及今后每年气候变化的发展趋势和由此带来的气温变化。

事实上，森林是陆地生态系统中缓解气候变化最重要的因素，因此降低毁林速度是当务之急。森林植被的增加能够有效缓解温室气体排放，最为快捷和最大规模的机会是减少森林转化为其他土地利用方式。在全球范围内，积极开展造林和植被恢复具有积极的意义。可持续森林经营能够有助于维持或者提高森林碳储量，提高森林碳汇能力，源源不断地提供木材、纤维和能量供给。这种缓解策略需要一个基于生态系统为核心的方式。在这个策略中，我们更加偏重的是温室气体的平衡，而不仅仅是储量。这些平衡主要包括森林生态系统及系统内收获的木材产品和替代品。Kurz 教授强调，森林能够提供的可再生产品是木材和其他生物资源，能够有效减缓温室气体排放的途径之一就是在基础设施建设中用木材替代钢筋混凝土。在加拿大，现在已有建成 18 层的木材建筑，另外一个 35 层的木材建筑正在规划中。木材产品提高了碳固持，取代了大规模替代品使用导致温室气体的排放。因此，未来提高木材产品的利用效率将是有效缓解气候变化的重要途径。

不同区域下气候变化的影响是不同的。由于环境条件或者生态系统对气候变化的不同响应，不同区域树木的生长或者死亡可能增加，也可能减少。但是温度增加会导致生态系统中分解率增加，永冻层融化，植被带迁移以及外界干扰强度和频度的进一步增加。因此，气候变化对区域的净效应是难以预测的，但是风险并不会因为效应低而降低。在多数情况下，气候变化的风险是非对称的，有些区域轻微的气候变化将对自然生态系统产生巨大的影响。Kurz 教授介绍，2017 年和 2018 年在加拿大不列颠哥伦比亚，火灾导致的温室气体排放量是其他行业排放量的 3 倍。

面对当前形势，Kurz 教授建议科学界应该在缓解气候变化方面作出更大的贡献。首先，需要量化通过提高森林碳库、保护和木材利用方面来缓解气候变化的机会。其次，需要通过类似《巴黎协定》等进一步限制化石燃料排放量，评价和缓解气候变化带来的风险，支持立足本土提出的缓解和适应策略。最后，还需要监测并及时报告相关的结论，以方便政府和公众了解气候变化带来的一系列严重后果。

在报告的结尾，Kurz 教授指出如果要将温度升高控制在 2℃ 以内，必须保证 2100 年以前的碳净负排放，这相当于现在出生的小孩一生的时间。所有行业都需要大规模降低碳排放量，而且这个目标的实现也需要提高森林固碳的能力。尽管目前我们还有其他选择，但是减排等工作拖得越久，那么我们最终承受的后果也将更加严重。

在 Kurz 教授的主旨发言之前，大会主持人首先提出了参与对话的 4 个问题：①森林和森林产品的潜力是什么？②最大的潜力在哪里？③如何处理这些潜在权衡和土地利用的冲突以及如何最大化这种综合效益？④为加强科学与决策的相互作用，科学界该采取什么样的方法？Kurz 教授报告结束后，大会组委会邀请了来自德国的 PeterSaile、世界自然基金会的 Pablo Pacheco、Juan Carlos Jnticac，巴西 Jose Carlos de Fonseca Junior 和联合国粮食及农业组织的 Thais Linhares-Juvenal。Pablo 首先回答了森林的重要性，而 Juan 强调了本地居民参与。Peter 认为从景观上可以考虑森林的最大潜力。Pablo 认为非木质林产品的利用应该避免以森林退化为前提。另外，大家一致认为自然界非常复杂，而且科学容易陷入困境，特别是当前的科学研究无法说服大众。某些情况下，政治的介入导致气候变化对人类社会发展的影响更加复杂。

（整理、记录：臧润国　史作民　程瑞梅　孙鹏森　王晖　张远东　赵凤君　丁易　刘泽彬）

会议报告摘要

与光质量和光合作用性状相关的针叶树生态变异

María Rosario García Gil   Sonali Ranade
（瑞典农业科学大学）

众所周知，针叶树育种项目需要考虑到气候变化。据预测，在未来100年里，斯堪的纳维亚半岛北部的气温将上升3℃。在某些人看来，北方温度升高是一个机会，有利于帮助南方基因类型向北方迁移（转化），以优化生长条件和增加生物量生产；然而，这种解释只单一考虑了树木的生长。考虑到树木对环境的响应是由调节光感和光合作用的树冠层进行的，为确保预期的增益，了解适应当地光照条件（光的质量和强度以及白昼长度）的遗传基础对于设计辅助迁移计划十分关键。我们的表型和转录组（RNA序列）结果支持相应光质量下针叶树幼苗生长的生态型变化，也支持与局部适应现象相关的针叶解剖和化学成分的变化。

（王彦尊　译）

海岸松的阴性选择与多基因适应

Marina de Miguel[1]   Isabel Rodríguez-Quiló[2]   Agathe Hurel[3]

Juan-Pablo Jaramillo-Correa[3]   Myriam Heuertz[1]   Delphine Grivet[2]

Giovanni Vendramin[4]   Christophe Plomion[1]   Ricardo Alia[2]

Andrew Eckert[5]   Santiago Gonzalez-Martinez[1]

［1. BIOGECO（法国国家农业科学研究院和波尔多大学共建单位）；
2. 西班牙国家农业研究协会森林研究中心森林生态与遗传学系；
3. 墨西哥国立自治大学生态学研究所进化生态学系；
4. 意大利国家研究委员会生物科学与生物资源研究所；
5. 美国弗吉尼亚联邦大学生物学系］

了解适应性表型的遗传基础是实施森林树木保护和育种计划的关键。标准指标的联合分析和数量性状座位（QTL）绘图研究的结果表明，许多与适应性相关的性状是多基因的。

此外，最新的进化研究表明，通过软件扫描的方法已经鉴定出了大量的关键基因位点是由自然选择造成的。这些软件扫描的结果很难被传统方法检测到。在此，我们研究了海岸松（*Pinus pinaster*）适应性相关性状的潜在遗传结构，以评估多基因适应对形成这一标志性树种的范围表型和遗传变异模式的重要性。通过一个包含全范围种群的多环境克隆，我们评估了所有克隆体中多种适配相关性状的表型变异和 6100 个基因型 SNPs。遗传控制对树高和物候的影响不大（平均 $H^2 = 0.15$）或者更小（平均 $H^2 = 0.05$），但在存活率、松针的形态和病原体敏感性方面仍然显著。适应性性状（Q^{ST}）的组间遗传分化是分子标记（F^{ST}）的 2.5 倍左右，表明存在局部适应性。我们将所有 SNPs 与评估的表型进行全基因组关联分析，并计算其多基因性水平。初始结果显示，表型性状和生长环境（地中海和大西洋）之间不同程度的多基因性。我们还提供了阴性选择作为解释多源性的相关因素的证据。因此，正如那些在人类进化研究中常用的方法，多基因方法将会显著提高我们对森林树木适应的遗传基础及其对环境变化的预期遗传反应的理解。

（王彦尊　译）

花旗松再造林的辅助基因流策略是否需要考虑对干旱的局部适应？

Rafael Candido Ribeiro[1]　　Christine Chourmouzis[1]　　Pia Smets[1]

Alex Girard[1]　　Dragana Vidakovic[1]　　Brandon Lind[1]

Sam Yeaman[2]　　Sally Aitken[1]

（1. 加拿大不列颠哥伦比亚大学森林与自然保护科学系；

2. 加拿大卡尔加里大学生物科学系）

干旱对世界各地森林经营和保护来说，是一个大问题，它直接或间接地阻碍树木生长，导致树木死亡率上升，影响生态过程和生态系统服务。随着气候变化加剧，干旱频率和强度预计都会增加。花旗松是北美重要的生态和经济树种之一。为了研究不同种群和品种（滨海型和内陆型）对夏季干旱耐受性变化情况，选用 87 个来自纬度 16°、经度 14°和海拔 1700 米不同种源的幼苗进行温室同质园实验。实验采用分区设计，干旱组为逐渐降低土壤含水量的样本；对照组为保持土壤持水量的样本。在 160 天内对叶绿素荧光参数：PSII 原初光能转化效率（*Fv/Fm*）、可见损伤和树高进行了 5 次评估。评估结果显示，干旱降低了幼苗的光合性能，对两个组别的生长都有负面影响，但不同种源之间的反应速率不同，各品种间抗旱性均存在显著差异。然而，在同一变种内，大多数观察到的变异发生在种源内部，这表明，glaucaand 变种对干旱的局部适应能力较弱，menziesii 变种对干旱的适应能力更弱。目前，正在针对每个种群的外显子组进行靶向捕获和 DNA 库测序，以检测与所观察到的耐旱模式和其他气候相关性状相关的候选基因。这项研究的结果是 CoAdapTree 项目的一部分，它将用于为造林辅助基因流策略提供信息。

（王彦尊　译）

鉴定适应气候变化的欧洲主要树种的种子来源

Debojyoti Chakraborty[1]　Jan-Peter George[1]　Julian Gaviria[2]

Jan Kowalczyk[3]　László Nagy[4]　Lea Henning[5]　Marcin Klisz[3]

Valerie Poupon[6]　Silvio Schueler[1]

（1. 奥地利森林研究中心；2. 德国巴伐利亚州林业种子和植物育种办公室；
3. 波兰林业研究所；4. 匈牙利林业研究所；5. 德国联邦农村地区研究所；
6. 捷克生命科学大学）

　　适应性森林管理经营旨在降低森林脆弱性和增强森林生态系统的恢复力，以保持森林在气候变化条件下提供多种生态系统服务的能力。适应性管理还包括更好地利用树种内部固有的遗传变异，通过辅助迁移和辅助基因流方法，确定在未来条件下适合种植的种子来源。传统来说，种植园的种子材料是根据"当地品种即最好"的概念来确定的，即来源于当地的种子最适合在本地生长。这里我们将介绍一个新的综合数据集，涉及欧洲 7 个经济和生态重要树种的 545 个种源试验。这些数据是通用响应函数（URFs）的基础，该函数结合气候和遗传效应来模拟功能性状的表型变异。URFs 有助于确定功能性状表型变异的主要驱动因素，并被用作造林工具的基础，指导种子的配置和识别适应未来气候条件的种植材料。

（王彦尊　译）

林业碳经济的不确定性

Rasoul Yousefpour　Andrey Augustynczik
（德国弗莱堡大学）

　　森林增长预测用于建立对未来管理决策下经济表现的预期。大多数假设和预期结果都是基于经验知识，即假设一个稳定的气候环境和一个确定的森林生长方式。然而，未来几十年里不同程度的气候变化会引发动态的、不确定的森林生长和碳排放预算。随着时间推移，这种模型系统参数和气候变化产生的不确定性会影响有关碳经济和最优管理方案的最终决策。本文以中欧条件下欧洲山毛榉（*Fagus sylvatica*）的生长为例，利用贝叶斯推理法对这种不确定性进行了量化。结果表明，模型参数的不确定性对木材经济和碳经济的最终决策有很大影响。为了解决这种严重的不确定性，采用一种稳健的决策方法来解决所有情况的最小或最大后悔值的风险。此外，我们还应用了这一概念来模拟气候智慧型林业。结果表明，在气候变化下，这种"不确定性"是林业经济的根本问题。在不确定的气候变化条件下制定全球森林治理政策需要考虑需求方面的不确定性，例如，不仅需要考虑社会经济发展和区域人口对森林生态系统服务(如木材)的需求，还要考虑供应方面的不确定性和预测森林生长、响应和气候条件所固有的生态不确定性。

（王紫珊　译）

有效应对气候变化，减少负面影响的采伐方法(RIL-C)可以将择伐的排放量减少近一半，并满足热带国家自主贡献的十分之一

Rosa Goodman[1]　Peter Ellis[2]　Trisha Gopalakrishna[2]

Matias Harman[3]　Anand Roopsind[4]　Bronson Griscom[2]

Peter Umunay[5]　Joey Zalman[6]　Eddie Ellis[7]

Karen Mo[8]　Francis Putz[9]

(1. 瑞典农业大学；2. 大自然保护协会；3. 世界自然基金会；
4. 美国博伊西州立大学；5. 美国耶鲁大学森林与环境研究学院；
6. 苏里南森林经营和产品控制基金会；7. 墨西哥韦拉克鲁萨纳大学热带研究中心；
8. 世界自然基金会；9. 美国佛罗里达大学)

在热带地区，有一半以上的由森林退化导致的碳排放是择伐造成的。我们在 7 个热带国家的 61 个森林管理单位中评估了伐木、集材和拖运的碳排放量，以确定择伐的基准排放量，并通过"有效应对气候变化，减少负面影响的采伐(RIL-C)"方法估计潜在的减排量。提取的木材中每毫克碳的排放量(称为"碳影响因子"，CIF)在国家内部和国家之间差异很大——从 2.3 到 20.0 不等。在本研究的地理区域内，碳影响因子通常随着伐木强度的增加而下降，但我们发现国家之间的趋势相反。一般而言，拉丁美洲国家的采伐强度和碳影响因子均最低，而非洲国家采伐强度中等，碳影响因子最高。大部分(59%)的伐木排放来自伐木剩余物和附带损害，但是碳影响因子最高的国家的排放主要来自公路运输。基于此，我们扩大范围进行估计，2015 年热带选择性采伐排放 83.1 亿吨二氧化碳，占热带国家温室气体排放总量的 6%。我们建议通过实施 RIL-C 方法，实现 CIF 降低至 2.3 的目标。具体需要做出的改变包括：改善弯曲度以提高木材回收率并减少木材浪费、修建更窄的运输道路、使用较低冲击的防滑设备，以及提高员工留用率。如果我们的目标得以实现，木材供应将得以维持，同时伐木作业的排放量将减少 44%(一年 36.5 亿吨二氧化碳)。热带国家对《巴黎协定》作出的国家自主贡献中，平均 11% 可以通过 RIL-C 方法实现。

（王紫珊　译）

将适应和减缓气候变化的目标纳入加拿大不列颠哥伦比亚省森林的管理和经营

Guillaume Peterson St-Laurent[1,2]　　George Hoberg[3]

Bruno Locatelli[4]　　Shannon Hagerman[1]

（1. 加拿大不列颠哥伦比亚大学林学院；2. 加拿大太平洋气候解决方案研究所；

3. 加拿大不列颠哥伦比亚大学公共政策和全球事务学院；4. 法国国际农业研究中心）

在过去制定森林应对气候变化的政策和干预措施时，通常把减缓气候变化和适应气候变化这两个目标分别考虑。然而，目前，在制定森林管理干预措施和政策时，越来越多地朝着共同考虑这两大目标的方向发展。这两个气候目标不仅是相容的，而且有时也表现出协同效应，因此它们的综合效应要大于两个单独的效应之和。尽管有这样潜在的可能性，实践中却很少有对这种综合性举措进行尝试。我们以加拿大不列颠哥伦比亚（BC）省为例来更好地认识适应气候变化与减缓气候变化政策之间的关系。根据现有森林经营政策、调查以及对该省政府官员的半结构化访谈，我们提出了两个主要研究目标：①针对目前 BC 省涉及/不涉及气候的森林管理政策中，在多大程度上有效地纳入了适应气候变化和减缓气候变化的目标？②在制定森林经营干预措施和政策时，共同考虑这两个目标遇到了哪些挑战和机遇？本文的研究结果突出了在森林经营干预措施的制定过程中同时考虑适应和减缓气候变化目标的潜在积极和/或消极生态（如生态系统恢复、生物多样性）、经济（如成本或盈利能力）和社会（如对生计的影响）影响。本文还对何时、如何同时考虑减缓和适应气候变化，以及如何将这两个目标纳入涉及/不涉及气候变化的森林管理政策主流中等方面提供政策见解。

（王紫珊　译）

气候智慧型林业在减缓气候变化中的作用

Hans Verkerk　Pekka Leskinen　Marc Palahí　Mariana Hassegawa

（欧洲森林研究所）

为实现《巴黎协定》的目标，需要大幅减少二氧化碳排放，并增加碳汇。森林为实现这一目标方面发挥着重要作用。未来几十年里，森林生态系统固碳是有益的，且没有风险。许多现有的气候影响研究表明，自然干扰的风险增加，并且在高风险条件下森林将会积累更多的生物量，可能会加剧未来自然干扰的影响。因此，必须充分考虑采取适当的适应措施，来实施一项长期的成功减缓气候变化的策略，以确保未来森林资源的复原能力。如果减缓策略仅仅着眼于森林生态系统的碳储存，就会忽视了全球经济碳减排的迫切需要。本文认为需要一种因地制宜的气候智慧型方法，表现在以下三个方面：①增加森林总面积，避免毁林；②将减缓与适应气候变化措施相结合，以提高全球森林资源复原力；③生产可以储存碳、代替排放密集型燃料和不可再生产品及材料的木制品。本文提供了与这三个方面有关的措施案例。森林经营面临的挑战将是在短期和长期目标之间以及木材生产和其他重要生态系统服务的需要之间找到适当的平衡。这种最佳平衡可能因国家和地区而异。

（王紫珊　译）

波恩挑战下实施森林景观恢复

John Stanturf[1]　Michael Kleine[2]　Stephanie Mansourian[3]
Palle Madsen[4]　Promode Kant[5]　Janice Burns[2]
（1. 爱沙尼亚生命科学大学；2. 国际林联；3. 日内瓦大学；
4. InNovaSilva 项目；5. 印度绿色经济研究所）

"波恩挑战"为全球社会设定了一个到 2030 年恢复 3.5 亿公顷森林景观的目标。"波恩挑战"不是一项新的承诺，而是一种实现许多现有国际承诺的实践手段。"波恩挑战"的基础是森林景观恢复（FLR），其目的在于通过多功能景观增加人类福祉，同时恢复生态完整性，使政策落实到具体行动需要长期大量的投入。成功的 FLR 是基于这样的一个前提：健康的景观能够提供多种长期利益，而这些利益只能由当地居民可持续管理，并且为当地居民服务。过去大规模森林恢复的经验表明，明确和协调多个目标非常重要，这是一个始于明确定义目标、继而进行实施、监测及适应性管理的过程。FLR 考虑到了本地及适应性选择的需求，避免了"一体适用"的模式。恢复景观镶嵌体的重点是要整合各种土地用途，如林业（包括人工林）、农林业、农业、野生动植物、生物多样性保护和基础设施（道路和居民点）等。尽管 FLR 主张要保证历史的真实度及其原生物种，并强烈建议不要将退化的原始森林转变为外来物种的人工林，但在某些情况下，气候变化带来的挑战也需要能够适应一些新情况。实施 FLR 需要对案例、地点、时间、实施者、成本等进行详细的规划，并且规划中应包括长期监测、数据归档以及不间断的可持续管理。

（宫卓苒　译）

鼓励私营部门参与东南亚森林恢复的政策

Rodney Keenan
（澳大利亚墨尔本大学）

森林景观恢复旨在通过将森林保护、造林和树木生产性利用与其他土地利用相结合的方式来恢复景观功能。据估计，东南亚约有 1.1 亿公顷的退化林地，占森林总面积的 60%，并且人们已普遍认识到恢复这些森林景观生态功能的必要性，进而实现固碳、保护生物多样性、净化水质并提供精神及文化产品等生态服务功能。但是，对于恢复森林景观的过程、实施方法及理想结果都存在不同的看法。尽管森林恢复的许多技术方面已广为人知，但体制、法规及政策问题是实施森林恢复的主要挑战。制约因素包括权力下放不足、权属不明确、社区和私营部门缺乏参与等。本文以森林转型理论作为分析基础，介绍了克服本地区森林恢复政策和金融方面挑战的新方法，分析了治理问题、财产权、所属权、使用权，以及增强公共组织的能力等。本文一个关键点是制定综合投资模式的政策，使私营部门和市场参与进来，并使农村人口及小土地所有者有能力更多地参与到可持续森林管理和森林恢复中。

（宫卓苒 译）

适应性森林经营及其对森林适应气候变化的作用

Andreas Bolte[1]　Peter Spathelf[2]　Magnus Löf[3]

Palle Madsen[4]　Klaus Puettmann[5]

（1. 德国杜能森林生态系统研究所；2. 德国可持续发展大学；3. 瑞典农业科学大学；
4. InNovaSilva 项目；5. 美国俄勒冈州立大学）

适应性森林经营（AFM）是一个动态且面向未来的概念，用于维护和进一步发展森林功能和与各自经营目标相一致的各种生态系统服务功能。为了实现这些目标，AFM 需要对生长条件和经营方法进行频繁甚至连续的效果监控，以便根据不断变化的环境和社会条件修改或调整经营方法。由于气候变化被认为是导致生长变化（尤其是生存条件变化）的主要原因，因此 AFM 的概念也动态和灵活地聚焦于使森林能够适应气候条件变化上。AFM 的核心原理是通过了解经营结果来改善经营方法，核心要素是频繁的循环反馈，以根据森林生态系统状况、结构及经营目标的变化，不断调整经营方法。该循环所需时间不定，典型的循环频率可能介于 5~20 年之间。基于此，我们建议将 AFM 定义为以下三个过程：①生物物理条件；②经营目标；③经营技术。基于这种方法，我们评估了 AFM 在北方地区和温带地区的应用实例，以了解其是否能够有效提高森林应对气候变化导致的更极端天气事件的抵抗力和恢复力。最后，我们讨论了不同地区的最佳实践策略，并得出了未来如何优化 AFM 的结论。

（宫卓苒 译）

探索森林生态系统的适应能力

Klaus Puettmann

（美国俄勒冈州立大学）

近年来，围绕适应能力的话题已成为与全球变化相关的主要研究议程。适应能力已被提议为联合国政府间气候变化专门委员会(IPCC)脆弱性框架中"最可改良以带来影响"的部分。因此，森林经营者十分感兴趣于适应能力。本文提出了对森林生态系统适应能力的概念性见解，以使该概念对研究人员和经营人员更具"可操作性"。首先，生态系统的适应能力被置于社会生态系统的更大范围内；其次，本文讨论生态适应策略如何随着生态系统特征和组织级别的不确定性而变化；最后，本文提供了一些示例，说明如何将在生态系统稳定性研究中获得的信息，用于制定可提高森林生态系统适应能力的经营策略。

(宫卓苒　译)

实现多功能森林经营的三级结构森林作业法技术体系：中国的案例和示范进展

陆元昌　刘宪钊　谢阳生　雷相东

(中国林科院资源信息研究所)

　　多功能森林经营(MFFM)已成为 21 世纪中国乃至世界林业发展的新趋势，这是一种通过积极经营来加强和发展森林的多种服务功能，从而为人类可持续发展提供社会经济、生态环境和景观文化服务功能和效益的林业创新模式。森林经营的基本目标是建立和维持森林生态系统的稳定和自我修复力，以最大限度地发挥其生长力、生产力和服务功能。本文介绍了中国多功能森林经营技术体系及试验验证的基本概念、科学原理、技术过程和方法，其中三级结构的森林作业法技术系统(STS)是中国多功能林业发展的核心内容，这个作业法系统基于自然力和人力协同作用的经营原则，整合了森林功能与条件约束、充分生长与经营周期、经营目标与标准化作业措施等不同技术要素的协同机制，提出了国家、省县区域和具体森林地段这三个层面不同详细程度的作业法技术表达模式。这个技术体系于2012 年以来在国家森林经营样板基地开展了实验示范，并建立了森林动态和经营效果的监测样地。本文分析和比较了实施作业法技术系统(STS)的经营作业和参考样地的调查数据，结果表明，经营处理在树种组合、林分结构、生长收获和生态系统发育特征等四个方面都有了积极的变化，设计的多功能经营目标正在实现，这个三级结构的新型作业法技术体系(STS)对中国多功能林业的发展具有积极的影响。

干旱降低碳储量和土壤呼吸：基于中国东南部地区毛竹林的截雨实验结果

周本智[1,2]　葛晓改[1,2]　曹永慧[1,2]　杨振亚[1,2]　童冉[1,2]

(1. 中国林科院亚热带林业研究所；2. 浙江钱江源森林生态系统国家定位观测研究站)

　　干旱通过影响森林生态系统的碳储量和碳排放，进而对碳汇源关系的改变产生重大影响。野外样地试验很少用于研究干旱对森林碳循环的影响，特别是在亚热带森林生态系统中。本研究从 2012 年 7 月开始，通过截留到达森林地面的降雨对毛竹施加干旱，并在干旱期间的特定时期测量生物碳、土壤碳和土壤呼吸。在截雨的样地（TE），竹笋数、新竹数以及竹高和胸径显著低于对照样地（CK），分别下降 64.6%、70.8%、10.6% 和 11.3%。TE 样地的年均碳固存量比 CK 样地低 58.1%。在 10 个月的实验期内，CK 样地和 TE 样地 0~60 厘米土层的碳储量分别下降 3.7% 和 12.2%。干旱导致了毛竹林生态系统碳储量减少约 10%。另一方面，干旱造成年均土壤呼吸速率降低约 25%，CO_2 排放量下降约 26%，且在生长季差异显著。干旱不改变土壤呼吸与温度之间的指数关系，但降低了温度敏感性和土壤呼吸与温度/湿度之间的相关系数。我们的研究结果能够更好地了解森林生态系统固碳潜力，并明确未来气候变化如何影响碳平衡。

不同地理梯度上栓皮栎种群更新和生长动态及其环境驱动机制

高文强[1]　江泽平[2]　刘建锋[2]　雷相东[1]

（1. 中国林科院资源信息研究所；2. 中国林科院林业研究所）

现时气候变暖将对植被分布、更新和生长产生显著影响，然而缺乏针对三维地理尺度（纬度、经度和海拔）种群更新和生长的相关研究。本研究通过对不同地理梯度上栓皮栎（*Quercus variabilis*）种群更新和个体生长的调查，并与环境因子耦合，共同揭示栓皮栎种群更新和生长动态及其环境作用机制。结果表明：①北、中和西部及高海拔种群表现为增长型种群，东、南部表现为衰退型种群。更新苗密度呈现由中纬度（中部）向低、高纬度（东、西边缘）递减的变化趋势，且随海拔的增加而减小。②栓皮栎径向生长随纬度的增加而增大，晚材径向和高生长均随经度增大而减小。径向和高生长均无明显海拔差异。③竞争和土壤因子是栓皮栎种群更新和生长地理变异的直接影响因子，而气候作为间接驱动因子通过影响竞争等生物作用进而对种群更新和生长产生影响，并支持低的边缘竞争限制假说和胁迫梯度假说。

马尾松幼苗光合产物的运输与分配特征

肖文发[1]　邓秀秀[2,3]　曾立雄[2,3]　雷蕾[2,3]　施征[2,3]

（1. 中国林科院；2. 中国林科院森林生态环境与保护研究所；

3. 国家林业和草原局森林生态环境重点实验室）

【目的】解析光合产物在马尾松幼苗植株中的运输和分配规律，揭示马尾松生产力形成过程，为探讨不同环境干扰下马尾松光合产物分配过程的变化提供参考依据。

【方法】采用 ^{13}C 同位素脉冲标记法，对 1.5 年生马尾松幼苗进行标记，标记结束后第 0 小时、2 小时、5 小时、17 小时、24 小时、72 小时、120 小时、168 小时、216 小时和

360 小时，按不同部位对马尾松幼苗进行全收获取样，测定 ^{13}C 含量，以监测近期合成的光合产物在马尾松幼苗中的运输和分配规律，同时测定光合产物全碳、非结构性碳水化合物（NSC）在各个器官的积累量。

【结果】①标记的光合产物在针叶中合成后，向各库器官的运输量随着时间延长由多逐渐减少，具体表现为标记结束后 0~24 小时内最多，24~216 小时逐渐减少，216 小时之后运输完成，且 59% 以上标记的光合产物在 0~24 小时内运输到各库器官。②光合产物运输趋于稳定后，在各器官的分配大小依次为 1 年生叶>当年生叶>根>茎干>1 年生枝>当年生枝，与生物量的分配大小一致，但与库活力大小不同，其库活力依次为当年生叶>当年生枝>1 年生叶>根>1 年生枝>茎干。③各器官全碳和 NSC 积累量的分配与近期合成光合产物的分配大小一致，依次为 1 年生叶>当年生叶>根>茎干>1 年生枝>当年生枝。

【结论】马尾松幼苗光合产物运输速率大于 0.1 米/小时，59% 以上标记的光合产物在合成后的 0~24 小时内完成向各个库器官输出。新合成的光合产物在各器官中的积累量表现为功能器官（叶和根）居多，这一分配规律有利于马尾松幼苗阶段的生长。

24 年来塔里木胡杨国家自然保护区湿地时空变化分析

冯益明　曹晓明

（中国林科院荒漠化研究所）

【目的】为了准确认识和评估人工生态输水对塔里木胡杨国家自然保护区湿地生态环境修复的成效。

【方法】研究利用 1992 年、1999 年、2016 年三期遥感影像，在 RS 与 GIS 支持下解译提取了保护区湿地景观信息，并分析其在人工生态输水前后的时空变化特征。

【结果】①24 年来，保护区湿地面积呈现出先减少后增加的变化趋势。1992—1999 年（生态输水前）7 年间，湿地面积减少了 16.8%；1999—2016 年（生态输水后）17 年间，湿地面积缓慢增加了 6.9%，说明人工生态输水对保护区湿地生态恢复和保护起到了积极作用。②1992—1999 年间，保护区各湿地动态度变化大。人类对保护区的扰动加剧，除人工湿地外的其他湿地动态度值呈负值，其他湿地存在严重退化；实施人工生态输水 17 年后，湿地动态度值变动趋缓，湿地的快速退化得到有效遏制，但是恢复过程缓慢。

【结论】生态输水的确增加了湿地面积，但是生态输水主要沿塔里木河干流沿线实施，增加的面积主要体现在永久性河流等临时性水域湿地，真正发挥生态效益的沼泽湿地没有明显增加，发挥湿地生态系统功能有限，人工生态输水策略不尽合理。近 24 年来，湿地受人为干扰影响还在逐年加剧，人类对保护区湿地的保护与破坏共存。保护区湿地生态系统的修复还将是一个漫长过程。

中国适应和减缓气候变化的林业政策与实践

何友均　叶兵

（中国林科院林业科技信息研究所）

最近几十年来，气候变化对各大洲和整个海洋的自然、人类系统造成了影响。减缓和适应是减少和管理气候变化风险的补充战略。林业具有多重功能，是适应和减缓未来气候变化的最佳、最经济的有效方式。过去几十年里，中国一直将林业作为应对气候变化的战略选择，并实施了一系列重大措施，为适应和减缓气候变化作出了重要贡献。2015 年 6 月，中国政府发布了《强化应对气候变化行动——中国国家自主贡献》，确定了到 2030 年的自主行动目标，其中林业目标是，到 2030 年森林蓄积量比 2005 年增加 45 亿立方米左右。本文总结了我国气候变化的林业政策和实践，分析了林业的成就和问题，探讨了林业应对气候变化的机遇和挑战，并对我国林业碳汇项目和碳市场进行了介绍。最后，提出了未来林业应对气候变化的优先领域，包括大规模国土绿化增加林业碳汇、改善森林管理增加碳储量、加强资源保护减少碳排放、防止森林退化、加强湿地和草地保护、发展绿色富民产业、加强碳汇计量和监测、促进林业碳汇交易和加强国际合作。

杉木地理种源树轮径向生长对气候变化的响应

段爱国　朱安明　张建国　张雄清

（中国林科院林业研究所，国家林业和草原局林木培育重点实验室）

杉木（*Cunninghamia lanceolata*）广泛分布于亚热带山地、热带北缘、暖温带等气候区的 18 个省份。在当前全球气候变化背景下，对杉木不同地理种源响应气候的研究在国内外尚属空白。本文运用树木年轮气候学方法，研究了 52 个杉木地理种源整轮宽度、早材宽度、晚材宽度对年平均温度、年降水量、年最高温、年最低温和湿润度指数 5 个年际气象因子的响应关系。整轮宽度、早材宽度和晚材宽度与年平均气温的响应呈强负相关关系，相关系数最小值分别为 -0.515、-0.590 和 -0.451；整轮宽度、早材宽度和晚材宽度与年最高温均呈强负相关关系，相关系数最小值分别为 -0.482、-0.624 和 -0.499。但整轮宽度、早材宽度和晚材宽度与年最低温、年降水量、湿润度指数相关性均不显著。发现早材宽度随经度的增加与年平均温度的负相关性显著减弱，而与年最低温的正相关性有较明显的增强，晚材宽度与年最高温间的负相关性则随纬度升高而呈显著增强趋势，这表明较中西部杉木种源而言，东部种源早材生长受年平均温度影响相对较弱，而与测试地杉木南亚热带北界广西武宣比较，北、中亚热带杉木种源晚材生长受年最高温影响较小。未来试点年平均气温有升高的趋势，这将会在一定程度上抑制杉木的径向生长，而选择对于温度响应不太敏感的东南部地理种源进行造林，将是解决这一问题的有效途径。

青藏高原东缘林线主要优势树种对气候变暖的响应

郭明明　　张远东

（中国林科院森林生态环境与保护研究所）

通常认为，气候变暖会促进环北极和高山林线树木的生长。然而很多研究表明，这些地方的树木生长没有显著变化甚至下降。在同一生态区树木生长对气候变暖的响应也随树种而发生变化。在过去数十年中，青藏高原经历了快速的气候变暖；而这一地区的优势树种怎样响应气候变暖仍缺乏研究。我们在青藏高原东缘 6 个林线获取了 288 个云冷杉树芯，探究其生长趋势及对气候变化的响应。结果表明，所有位点冷杉生长均没有显著变化，而云杉生长表现为增加，尤其在松潘和炉霍两个位点。冷杉生长与 4 月温度的强负相关，以及与该月湿度的正相关都表明出现了春季干旱胁迫。云杉径向生长与 6、7 月温度正相关，在松潘和炉霍，云杉与 2~4 月温度也表现为正相关。研究结果表明：生长季温度和生长季前温度都刺激了云杉生长，而生长季前温度升高对冷杉有干旱胁迫。随着气候变暖，青藏高原东缘高山林线树种组成将发生变化。

增温实验减少南亚热带红椎人工林表层土壤碳含量
并增加土壤细菌多样性

王晖[1]　　刘世荣[2]　　Andreas Schindlbacher[3]　　王景欣[4]　　史作民[1]

明安刚[5]　　卢立华[5]　　蔡道雄[5]

（1. 中国林科院森林生态环境与保护研究所；2. 中国林科院；3. 奥地利森林、自然灾害与景观研究培育中心；4. 西弗吉尼亚大学林业与自然资源系；5. 中国林科院热带林业实验中心）

全球变暖对亚热带森林土壤碳动态的潜在影响仍有不确定性。本研究设计并开展了土壤增温（红外增温方法）与根系去除的野外实验，用于评估增温对南亚热带红椎人工林土壤碳和树木根系的影响，包括增温 5 年后的表层土壤有机碳含量、土壤有机碳质量和土壤微生物多样性对增温的响应规律。研究发现，与对照相比，增温 5 年后，未断根的样地表层土壤（0~10 厘米）有机碳含量下降了 13.6%；断根样地表层土壤有机碳含量下降 15.4%。增温 5 年后土壤有机碳含量下降的范围与增温第 3 年土壤有机碳含量下降的程度相近（-14.6%，-19.2%），说明了增温实验的后 3 年，增温对土壤有机碳含量的影响趋缓。在断根样地，增温显著减少了土壤碳水化合物组分的比例，说明了易分解的有机碳组分在增温处理下优先分解；而在未断根的样地，增温对土壤有机碳的组分没有影响，说明了根系对增温导致的易分解土壤碳组分损失起到了补充作用。土壤细菌多样性随增温而增加，但是真菌的多样性未受增温的影响。土壤有机碳含量和碳水化合物组分比例与土壤细菌多样性呈显著负相关关系，表明增温处理下，土壤中难分解碳组分比例提高促进了土壤微生物的多样性的增加。综上，土壤增温导致了短时间的土壤有机碳含量下降，说明了该南亚热带人工林土壤碳对增温的响应弱于高纬度和高碳含量生态系统。

抚育对热带低地雨林次生林木本植物物种和功能多样性的影响

丁易　臧润国

（中国林科院森林生态环境与保护研究所，国家林业草原局森林生态重点实验室）

抚育是提高热带森林恢复速度和木材生产的重要经营方法，然而对热带次生林中的抚育研究较少。2013 年，我们在海南岛霸王岭次生林中建立了 60 个 0.25 公顷固定样地，对其中 30 个样地进行抚育并于 2018 年对所有样地进行复查。结果表明，抚育后幼树和乔木的个体数量分别减少 57.6%和 22.7%，胸高断面积分别减少 51.5%和 12.3%。5 年后抚育样地中乔木个体数量和胸高断面积显著增加，但幼树没有显著变化。物种丰富度在抚育和未抚育样地中没有显著差异。抚育显著改变了幼树和乔木的物种组成，5 年后抚育样地物种更加丰富。抚育显著提高了幼树和乔木生长速率和补充率，特别是相对生长速度分别提高了 127%和 48%。抚育后乔木死亡率下降了 13%，但幼树死亡率增加了 47%。抚育后幼树群落的比叶面积平均值显著降低，而木材密度和潜在高度显著增加。随着抚育强度的增加，幼树和乔木的生长速度和补充率均显著增加，而死亡率变化较小。因此，低强度的选择性抚育先锋树种和演替中期树种可以加速森林恢复，提高演替后期物种的生长和补充率，这对未来热带次生林的管理具有重要的启发性。

土壤氮缺乏对中国南亚热带固氮和非固氮树种幼苗光合氮利用效率的影响

史作民　程瑞梅

（中国林科院森林生态环境与保护研究所）

土壤氮缺乏能够影响许多植物叶片的光合氮利用效率（PNUE）、叶肉细胞导度及氮分配。但是，有关固氮树种的上述生理特征如何受土壤氮缺乏的影响以及固氮和非固氮树种对土壤氮缺乏的适应性差异的研究还比较缺乏。为此，我们选择固氮树种降香黄檀（*Dalbergia odorifera*）和格木（*Erythrophleum fordii*）以及非固氮树种红椎（*Castanopsis hystrix*）和西南桦（*Betula alnoides*）幼苗为研究对象，利用盆栽方法，设置土壤高氮、中氮、低氮 3 个水平，研究其生理生态学特征对土壤氮含量变化的响应和适应。结果表明，土壤氮缺乏显著降低了非固氮树种叶片氮浓度和光合能力，而对固氮树种的影响较小。低氮处理降低了降香黄檀叶片叶肉细胞导度和分配到核酮糖-1,5-二磷酸羧化氧化酶（Rubisco）的氮比例、以及西南桦叶片的叶肉细胞导度和分配到生物力能学组分的氮比例，从而导致其具有较低的 PNUE。降香黄檀、西南桦和红椎幼苗叶片通过提高分配到细胞壁的氮比例和单位面积质量（LMA）来适应土壤的低氮环境。

基于混合效应模型及零膨胀模型方法的蒙古栎林分枯损模型研究

李春明

（中国林科院资源信息研究所）

作为森林生长收获模型系统中重要的组成部分，构建林分枯损模型对林分枯损做出准确的预测是十分必要的。选择来源于吉林省 1995 年设立的 295 块蒙古栎固定样地数据作为研究对象。主要目标是构建基于林分因子、立地因子及气候因子的蒙古栎林分水平枯损模型。模型的基本形式包括泊松分布和负二项分布两种模型。考虑到样地中存在大量零植的问题，在这些基础模型上考虑加入零膨胀和零改变模型。由于构建模型的数据进行过多次测量，呈嵌套结构，为了解决模型存在的嵌套和纵向数据问题，在构建模型时把样地的随机效应考虑进去。最后利用验证数据来验证。研究结果表明，样地公顷断面积、公顷株数以及最暖月平均气温是影响枯损概率和数量最重要的影响因子；模型在考虑样地的随机效应后，明显提高了模型的模拟精度；负二项分布模型由于考虑了数据过度离散问题，模拟精度要高于泊松分布；同时，考虑随机效应和零膨胀的负二项分布模型，其模型的模拟效果最好，验证结果也支持此结论。

利用时序卫星影像森林火烧迹地恢复制图

覃先林[1,2]　李晓彤[1,2]　刘倩[1,2]　孙桂芬[1,2]　刘树超[1,2]

（1. 中国林科院资源信息研究所；2. 国家林业和草原局林业遥感与信息技术实验室）

为获得适用于森林火灾长时间影响森林生长和恢复的监测技术，选取大兴安岭 1987 年"5·6"特大森林火灾形成的火烧迹地，基于选取的 30 年 Landsat TM/ETM+时序数据，构建林分恢复指数和相对恢复指数模型，对不同受灾程度植被火后 30 年的植被恢复年变化开展研究。从林分恢复指数上看，轻度火烧区植被在火后第 3 年即恢复到火前状态；中度火烧区植被在火后第 6 年恢复到火前状态；重度火烧区植被在火后第 14 年恢复到火前状态。而从相对恢复指数来看，轻度火烧区植被在火后第 8 年可恢复到与火后正常植被状态相近；中度火烧区在火后 13 年接近火后正常植被的状态；重度火烧区与中度火烧区恢复时间基本一致。

2008 年中国南方冰灾受损木荷萌枝死亡动态研究——6 年案例研究

曹永慧　周本智

（中国林科院亚热带林业研究所）

木本植物的萌生更新在未受干扰的亚热带森林中很少受到关注。2008 年 1 月中旬至 2 月中旬，中国南方发生了特大冰暴。我们通过建立灾后长期固定监测样地（2400 平方米），对基径 4 厘米以上的所有木荷（*Schima superba*）个体的损伤情况和萌生特性进行了连续 6 年跟踪调查，以评估萌生更新对森林恢复的重要性。结果表明，木荷断梢木和倾斜木在灾后第 1 年萌发大量萌条，而倒木萌条在第 2 年的萌发数最高，随后不同受损木萌发的萌条数量则随着灾后恢复年份的增加而下降。在灾后的第 6 年（即 2013 年时），3 种类型受损木的萌条数都降至最低水平并保持稳定，仅为灾害当年的 13.28% ~ 23.42%。不同受损类型的个体在灾后每年的新发萌条数量均随着恢复时间的增加其死亡率亦增加；灾后当年新发萌条在经过 5 年的恢复后，其萌条存活率降至较低水平。研究发现，3 种受损类型木荷其灾后当年萌发的萌条，恢复 3 年后其死亡率才达到较高，在经历 6 年恢复后其死亡率上升至 87.39%（±3.28%）~ 96.27%（±7.47%）。可知，灾后当年萌生的萌条具有更旺盛的生命力，其中断梢木约 15% 的萌条可以存活 6 年，而倒木和倾斜木的萌条存活 6 年的比例为 3.48% ~ 3.73%，存活 5 年的比率约为 10%。该研究可为冰灾后亚热带森林恢复经营管理提供理论指导。

面向可持续发展的林业研究与合作
——国际林联第 25 届世界大会成果集萃

森林和林产品创造
绿色未来

主旨报告

森林和林产品创造绿色未来——政策视角

Vincent Gitz

报告人简介：Vincent Gitz 自 2016 年 11 月起担任国际农业研究磋商组织（CGIAR）中森林、树木和农林业研究项目（FTA）的负责人。该项目是由国际林业研究中心（CIFOR）牵头，以发展伙伴关系为目的的全球性研究项目。1994 年，Vincent Gitz 任职法国巴黎综合理工大学工程师，后于巴黎高科农业学院取得土地利用和全球气候政策博士学位，并获得《法国世界报》学术研究奖。他拥有地球和环境科学以及自然资源和发展经济学的背景。在与 CIFOR 合作之前，他曾担任国际环境和发展研究中心（CIRED）及法国农业研究与国际合作组织（CIRAD）的研究员。他在政策制定以及研究与政策之间的相互作用方面也具有丰富的经验：他于 2007—2009 年担任法国农业和渔业部部长 Michel Barnier 可持续发展及研究项目的顾问，并于 2016 年担任法国农业、农业食品和森林部中粮食政策方面的助理主任。联合国粮食安全委员会（CFS）为在知识与公共政策之间建立起相互联系，成立了粮食安全和营养问题高级别专家组（HLPE），2010—2015 年，Vincent Gitz 担任该专家组的协调员。他在气候变化与可持续发展、粮食安全与营养问题、土地利用、农业和林业、自然资源管理等领域发表多篇著作，并协调发表了 9 份 HLPE 报告。

一、引 言

决策者们广泛认识到，为了减少环境退化，特别是为了减缓气候变化，需要更多的森林和树木，这是大家强烈的科学共识。因此，许多国家在政治上也越来越多地支持利用生物能源替代不可再生的能源密集型的木材产品，以及其他类似产品，如竹、藤，这些产品既是可再生的，又是可固碳的。但实际情况却事与愿违，主要原因之一是经济发展导致了大量滥伐森林，用于森林保护和森林恢复的公共资金无法与这些短期经济活动的效益相抗衡。这也是大家对从环境与经济角度来评判植树造林的潜力认识的分歧所在。

这些都是我们需要阐明的问题。例如，怎样才能生产更多的树木和森林以获得更多林产品？从社会、环境和经济效益角度出发，我们需要生产哪些林产品，哪些林产品可来自森林？哪些"木材价值网"需要优先考虑和优化？尤其考虑到发达国家和发展中国家的森林经济和林业经济基础差异较大，这些"木材价值网"将如何工作？它们发生的经济、贸易和市场、金融、体制、监管和法律条件是什么？

二、林业发展潜力：我们将关注什么？

（一）原木生产

从原木生产上看，1998 年与 2018 年对比，全球原木生产量略有增长（从 $3.4×10^5$ 万立方米增加至 $3.8×10^5$ 万立方米），除北美外略有下降（在 $5.1×10^4$ 万立方米下降至 $5.2×10^4$ 万立方米左右），其他区域原木生产都有增加，最多的亚洲从 $1.1×10^5$ 万立方米增加到了 $1.2×10^5$ 万立方米左右，大洋洲很少，持平在几千万立方米。

（二）人均木材消耗

从联合国粮食及农业组织（FAO）1998—2018 年统计来看，总体上全球人均木材消耗从 560 立方米/1000 人下降到 500 立方米/1000 人左右。其中，木材燃料从 300 立方米/1000 人下降到了 200 立方米/1000 人，工业原木消耗相对持平，保持在 220 立方米/1000 人左右。

以 2018 年为例，全球人均消耗木材燃料为 270 立方米/1000 人，而最多的为非洲木材燃料消耗 600 立方米/1000 人，最少的是亚洲为 220 立方米/1000 人；而工业原木消耗，全球为 230 立方米/1000 人左右，北美最多为 1400 立方米/1000 人，非洲最少约 30 立方米/1000 人。

1998 年与 2018 年相比，全球人均消耗木材略有下降，从 520 立方米/1000 人下降至 500 立方米/人左右。其中，燃料基本持平在 250 立方米/人左右，工业原木消耗略有下降，约为 270 立方米/人左右。从区域上看，人均消耗木材除了欧洲略有增加外（从 600 立方米/1000 人增加至 1100 立方米/人左右），其他地区均呈下降趋势，北美下降幅度最多，从 2100 立方米/1000 人下降至 1600 立方米/人左右。

（三）其他林产品生产

从不同的林产品生产看，1998—2018 年，全球略有增加，从 $3.0×10^5$ 万立方米增加至 $3.4×10^5$ 万立方米。其中，木材燃料从 $1.7×10^5$ 万立方米增加至 $2.0×10^5$ 万立方米，纸浆用材 $4×10^4$ 万~$5×10^4$ 万立方米，锯材和单板用材持续在 $1.0×10^5$ 万立方米左右变化，其他工业用材持续在 $5.0×10^3$ 万立方米左右变化。

（四）林业可持续发展条件

根据联合国粮食及农业组织（FAO）统计，世界人工林面积占森林面积的 7%，但生产了全球 47% 的原木；而天然林面积占森林面积的 93%，只生产了全球 53% 的原木。

1990—2015 年，全球的人工林种植面积从 1990 年的 182 兆公顷增加至近 287 兆公顷。其中，亚洲增幅最大，从 1990 年的 75 兆公顷增加至近 129 兆公顷，其次为欧洲、北美、非洲、拉丁美洲和加勒比海地区、大洋洲，大洋洲基本持平在 3 兆~4 兆公顷（表 1）。

表 1　全球 1990—2015 年人工林面积变化　　　　　　百万公顷

年份 地区	1990 年	2015 年	变化(%)
全球	182	287	57.9
亚洲	75	129	71
欧洲	61	80	31.7
中北美洲	23	43	85.7
非洲	12	16	39.5
南美洲	8	14	80.1
大洋洲	3	4	56.9

如何改变这种现状，填补木材的缺乏状况？从长远看，还需要持续增加人工林面积，发挥短期的木材生产潜力，调整木材价值链等。

为实现上述目标，林业和林产品价值链长期投资的障碍因素包括：①发展中国家特有的结构性制约因素；②林业部门的经济制约因素；③与以土地为基础的林业部门相关的制约因素等。

扭转这种局面的解决办法主要包括：①土地分区，包括合法的土地覆被等级；②加强林业发展规划；③促进林业研究和林业发展，特别是大范围的，包括价值链研究等。

未来实现这些转变，需要对现在和过去的经验进行总结。如印度尼西亚种植柚木的经验以及越南发展林业的经验，都值得借鉴。在人工林方面，加强人工林种植，从生产木片到生产锯材原木，增加附加值，增加国内木材供给。在天然林方面，实施禁伐与生态修复，同时促进生产，增加非木材林产品的产出。在认证方面，加强森林认证，制定国家计划和标准，保证木材合法性，开展认证工作等。

与此同时，这些国家的转型得到了国际社会的支持，重点在以下方面开展合作：①支持有利于林业发展的机构与经济扶持环境；②加强技术转让；③促进投资；④加强研究与发展。

三、对科学和研究的启示

主要有以下三方面的内容：①开展土地区划研究；②恢复生产模式及相关类型的研究；③开展恢复森林过渡曲线研究，增加森林，同时增加森林其他产品研究。

（整理、记录：叶兵　吴水荣　何友均　谢和生　赵晓迪　高月）

森林和林产品创造绿色未来——企业视角

Francisco Cesar Razzolini

报告人简介：Francisco César Razzolini 于 1985 年加入巴西 Klabin 公司，并从此开启职业生涯，其在造纸、包装生产、项目规划及开发等方面拥有丰富经验。2006 年，他为公司实施了一个重要项目——MA 1100，该项目使位于巴拉那州特莱马库博尔巴市的蒙特阿雷格里工厂（Monte Alegre Unit）的纸板生产能力翻了一番。两年后，他担任项目、工业技术和采购部门官员。2014—2016 年，他再次奔赴公司旗舰项目之一的前线：建设彪马工厂（Puma Unit），这是世界上最现代化的纸浆厂之一，旨在满足行业的最佳可持续性参数。目前，他在 Klabin 公司负责研发、创新、可持续性、项目、自动化技术和纸浆工艺等。他拥有加泰罗尼亚理工大学（西班牙）造纸工程硕士学位和巴拉那联邦大学化学工程学士学位。

随着人类对气候变化，全球变暖，水和粮食短缺，温室气体过度排放，空气、土壤和水污染等问题的日益关注，全球资源保护意识在逐渐增强。越来越多的研究表明，只有通过将大部分燃料资源保存在地下，全球才有可能实现设定的气候目标。生物质材料的开发与利用对于减缓全球气候变化以及减少温室气体排放和封存具有重要意义。尽管能源机构可以采用不同的脱碳技术减少温室气体的排放量，但鉴于目前化工和塑料等行业发展对碳材料的严重依赖，可再生碳产业的发展已成为全球温室气体减排的重要举措，前景广阔。当前，可再生碳的唯一重要来源是生物质。

Klabin 公司是巴西最大的包装纸和纸质包装生产商，一直致力于新型生物质、可再生、可循环和可降解产品的开发，建立了包括一个新技术中心在内的公司研发和创新结构体系。Klabin 公司以人工林为原料，正在积极探索木材、纸浆、包装纸、木质产品新技术和环境可持续发展技术等 5 条技术发展路线，开发基于林业生物质材料的新应用和新产品，从而推动公司通过上述技术实现其产品性能的提升，发掘了新的商业机会，这将成为该公司历史上旨在提升可持续性发展能力的最重要举措之一。不过，公司在把基础科学研究向工业应用放大的过程中，仍然需要开展大量的工作，以解决面临的许多问题。本主旨报告将具体介绍 Klabin 公司通过对森林和木材资源的多用途开发，最终实现生物质资源向可持续产品转化的机遇与发展趋势。

Klabin 公司总部位于巴西圣保罗，目前拥有 18 个工业园区，主要分布于巴西（8 个州）和阿根廷（1 个州），拥有灵活多样的综合性运营模式，主营业务包括纸浆、包装纸、硬纸板盒、回收纸、工业袋和森林经营。公司持有林地总面积 53.2 万公顷，其中松树人工林 15.5 万公顷，桉树人工林 9.1 万公顷和保护区 23 万公顷。木纤维生产总量为 350 万吨/年，其中漂白纸浆 160 万吨/年（长纤维 40 万吨/年、短纤维 120 万吨/年），一体化纸浆 170 万吨/年。纸生产总量为 200 万吨/年，其中涂覆纸板 75 万吨/年和盒纸板 125 万吨/年，主要用于制作瓦楞纸箱和工业用包装盒。市场调查结果表明，纸张和包装产品主要应用于食品、消费商品和建筑等行业，其中食品行业使用量比例最高（67%），其次分别为消费商品（13%）、建筑（8%）及其他（12%）。Klabin 公司在野生动植物保护领域也发挥了重要作用。目前，公司保护区共有野生动物 883 种，植物 1872 种，其中部分为濒危物种。同时，在可再生资源利用方面，Klabin 公司产品所用原材料超过 98% 是可再生材料，固体废弃物可再利用和循环利用率达 92%，清洁和可再生能源使用率达到了 89%。此外，公司还制定了 2030 年 Klabin 发展规划，为未来可持续发展指明了方向。

树木是人类赖以生存的重要生物质资源，主要由纤维素、半纤维素、木质素、抽提物及林木剩余物组成，这些物质为人类提供了能源、纸浆纤维和化学原材料。其中，在能源生产方面，木质素和林木剩余物可产生热、电、生物碳、生物油、乙醇、甲醇、生物汽油和生物柴油；在化学原材料生产方面，纤维素可生产乙醇、乳酸和乙酸，半纤维素可生产纤维添加剂和化工中间体等，木质素可生产碳纤维、黏合剂和化工中间体，抽提物可生产具有生物活性的化学品、尾油和松节油。

目前，全球纸张消费总量为 41700 万吨/年，其中一次性纸张消费总量年均 17200 万吨，可循环纸张消费年均 24500 万吨。从全球纸浆历年（1996—2016 年）增长变化情况看，纸浆整体消费呈现平稳或略增长状态。其中漂白桉木纸浆（BEK）增长最为明显。同时，全球纸产品需求预测（2014—2030 年）认为，盒纸板的需求增长最大。另一方面，调查数据显示全球塑料制品的平均使用寿命为 5 年。目前，最大的塑料市场来自包装袋，其平均寿命仅有 6 个月。塑料袋占据了全球塑料垃圾近一半的产量，但面临大部分未回收且未处理的困境。近些年塑料制品消费逐年递增，2008 年塑料制品消费首次超过纸张消费，随后塑料制品消费量仍保持持续增长。包装是消费链上影响消费者购买决策的重要因素。为解决塑料制品的污染问题，产品无包装革命也曾被广泛尝试。

Klabin 公司开发出了一种易于降解的包装用牛皮纸板。该纸板选用 100% 桉木纸浆，产品基本密度为 80~210 克/平方米。该产品在物理特性、压缩性能和可打印性能等方面均优于传统针叶材牛皮纸板。更为重要的是，与松树相比，桉树所需的耕地、能源及用水消耗更少。因此，该产品受到了市场的广泛认可，产量得到较大提升。同时，Klabin 公司还开发了纸-塑料混合材质的新型包装材料。不过，纸质包装材料的缺点也显而易见，例如渗水、渗油、易腐、易吸附异味、光老化、易燃等。为克服上述问题，公司继续开发了基于微纤化纤维素（MFC）的复合材料，该类纸张具有更高的强度、韧度和复合特性。另一个方案是采用在强酸分解条件下由纤维素制得的纤维素纳米晶体（CNC），该晶体具有超强韧性，且能加工形成半透明薄膜，为可再生材料的高效利用提供了新思路。针对不同使用条件及产品特性，通过将纤维素纳米晶体与普通纸质材料的灵活配比，可实现包装材料对油和氧气不同程度的阻隔。同时，Klabin 公司也在不断开拓木质素的应用。典型的产品有酚醛胶、聚氨酯泡沫和热塑性塑料，可分别用于人造板、建材、汽车以及家具行业；通过采用不同的配比，木质素可生产加工成具有不同性能的木质素-聚丙烯合成材料。此外，木质素与聚丙烯（PP）、聚乙烯（PE）、聚氯乙烯（PVC）、ABS 树脂、聚乳酸（PLA）及碳纤维复合，加工制成品可分别用于聚合物和塑料工业、汽车、航空、运动和建筑行业。

总之，在环境问题关注度与日俱增的今天，来自森林资源的可再生材料有着广阔的开发前景。然而，Klabin公司同样也面临着巨大挑战：60%的消费者认为我们的森林储备不足且有下降趋势；很多人并不认为纤维材料为可再生资源；同时，大部分消费者对森林资源的可持续性发展表示担忧。因此在未来的发展道路上，任务仍然十分艰巨。

众所周知，随着全球气候变化的加剧，绿色环保、可持续发展等理念已深入人心。从科学角度而言，减缓全球气候变化的唯一途径便是降低化石燃料的开采，而目前可替代化石燃料的重要资源之一便是生物质。在林业领域，生物质资源主要为森林及林产剩余物，是储量最大、来源最广泛的一种可再生资源。巴西Francisco Razzolini先生主旨报告所阐述的内容可概括为林木生物质（所用原料以人工林资源为主）的高质化利用，通过对基于林业生物质材料的新技术与新产品的研发来替代传统材料，为全球可持续性发展提供了新的思路和途径。报告涉及营林、纸浆、造纸、木基复合材料、木质纳米新材料以及环境工程等多个方面，内容详实丰富，对我国林业资源（特别是人工林资源）的综合高效利用具有重要参考价值。

林业生物质是最具开发潜力的可再生资源，如能充分利用，定能造福人类，实现绿色未来的可持续发展。

（整理、记录：焦立超　王霄　殷亚方）

会议报告摘要

提高森林经营可持续性的计算机视觉技术

Woodam Chung　Lucas Wells
（美国俄勒冈州立大学）

森林采伐是森林可持续经营的重要组成部分，涉及森林产品和服务的供应。Marchi 等（2018）最近提出的森林可持续经营的概念要求从传统的生产力和成本导向的森林经营转向经济、环境和社会可持续发展的经营绩效平衡。这次报告我们引入了计算机可视化技术这项新工具来支持森林可持续经营。它有望促进实施复杂的、基于生态的营林方案，改善人类的工作环境，提升森林经营效率，并最大限度地利用、提高木材产品的质量和价值。具体来说，我们引入了一个专门为森林采伐机器设计的相机系统，用于实时检测和测量每一株树木。为该系统开发的计算机可视化算法可以估计树木的角度、距离、胸径和树干削度，同时生成准确的林分树干图。单株树干的信息能够与营林方案相结合，为设备操作员提供精确的采伐或保留决策，从而帮助开展单株树木的处理工作。树干削度信息与合理造材信息相结合，可以最大限度地提高木材产品的价值，有效减少浪费。保留木的树干实时图像可以保证森林作业质量控制的处理得当。从传统的森林经营向可持续森林经营的转变需要对林业各个阶段的现行做法进行大量的修改，计算机可视化技术在实现这一转变中大有可为。

（王彦尊　译）

未来的森林产品和可持续性

Pekka Saranpää
（芬兰自然资源研究所）

森林资源和林产品研究所面临的挑战与人口迅速增长和对森林资源和产品日益增长的需求息息相关。环境所面临的不可逆性变化及产生深远影响的可能性也在增加。环境压力的指标包括生物多样性减少、温室气体排放增加、森林砍伐增加和世界多地薪材短缺等。挪威云杉和白桦树是北欧森林的重要树种，其树皮含有多种高价值成分。然而，树皮当前主要用于生产能源。树皮作为重要的林副产品，其中的一部分可用于改善以木材和纤维为主的产品的性能，从而促进它们的深度利用。例如，桦树皮含有软木脂，可以用来制造疏水抗菌层。这是未来从森林生物质中提取的林产品众多实例之一。以纤维素为基础的纺织纤维正在开发中，针对木质素的研究也在深入进行，这些将有望用于替代各种产品中的化石原料。未来森林产品的多样性以及环境、经济、文化和社会可持续性对森林生物质利用的影响等问题也需要进一步讨论。

（王彦尊　译）

印度尼西亚邦加岛的 Jering Menduyung 自然休闲公园里的龙脑香科植物受到当地智慧的保护

Eddy Nurtjahya　　Akrima Risyda　　Cindy Ika Putri　　Lastri Dwi Saputri

Lanita Sakila　　Tiwi Mandasari　　Tuning Wiji Jepari

（印尼邦加勿里洞岛大学）

除扩种的油棕园外，Jering Menduyung 自然休闲公园的植物种类也相对丰富。这座占地 3538 公顷的公园位于印度尼西亚邦加岛的西北部。最小物种—面积曲线数量每公顷为 0.82，略低于该值为 1.2 公顷的 Dalil 保护林，但远高于岛上数个 0.2 公顷次生林的测量值。这片公园种植着 50 多种植物。22 个树种中，平均直径为 15.3 厘米的单株有 40 株，平均直径为 48.9 厘米的单株有 64 株。大花龙脑香（ *Dipterocarpus grandiflorus* ）的密度为 20.7 株/公顷，直径范围为 12.1~212.7 厘米，平均直径为 69.0 厘米。岛上原住民部落之一的 Jering 部落制定政策，为这个相对完整的公园提供了智力支持和保护。人们已经规范了伐木行为，尤其是在海岬地带。该地的保护机构指定这个公园为该省大花龙脑香繁殖体种源地。由于近几十年来锡矿开采活动一直是该省发展经济的驱动力，因此油棕种植扩种和年轻人对当地保护政策的低接受度给该省森林保护带来了挑战。推动环保机构的社会化参与、倡导大学生提高环保意识、参与环保行动等对当地的发展十分重要。

（王彦尊　译）

可持续森林作业概念下的欧洲森林作业概述（SFO）

Andrea Laschi[1]　　Tomas Nordfjell[2]　　Piotr Mederski[3]　　Enrico Marchi[1]

（1. 意大利费伦泽大学；2. 瑞典农业大学；3. 波兰波兹南农学院）

近年来，为了适应社会不断变化的需要，"可持续性"和"可持续发展"概念的重要性日益增加。森林部门及科学研究应关注可持续性，以提高森林和生态系统各种功能的效益。森林作业在森林经营和木材生产中发挥着关键作用，也在森林的可持续性方面发挥着重要作用。近年来，国际林联气候变化和森林健康特别工作组，开发了"可持续森林作业"的新模式——SFO，以改变木材采伐的方法。本文旨在根据 SFO 范例，从森林经营、木材生产、环境和社会之间的主要关系出发，概述欧洲的森林经营问题。木材生产在世界范围内具有重要战略意义，但它不能以损害森林功效、增加环境负担、影响社会经济发展为前提。欧洲拥有 10.15 亿公顷森林，是一个重要的地理区域。然而，从北到南、从东到西，这块大陆上社会、经济和环境差异较大。此外，在大多数欧洲国家，森林除供应木材生产还发挥着其他重要作用，例如水文地质保护、娱乐、污染物防护以及社会和文化服务。因此，森林作业必须在尊重社会需求的同时，满足环境保护诉求，并增强与森林有关的生态系统功能。

（王紫珊 译）

"可持续森林作业"概念：非洲森林作业概览

Andrew McEwan[1]　　Michal Brink[2]　　Elisha Ngulube[3]
（1. 南非纳尔逊·曼德拉大学；2. 南非比勒陀利亚大学；3. 马拉维姆祖祖大学）

非洲的森林作业与不可持续的采伐水平以及采伐作业方式有关。对非洲热带森林的滥伐已有部分的记载和报道。此外，非洲的森林砍伐作业倾向于成本最小化，而不是考虑其他社会价值，如安全和环境问题。不过也有例外，比如南非一些管理良好的种植园，以及其他一些非洲国家中规模较小的种植园。在全球范围内，"可持续性"和"可持续发展"的概念最近受到越来越多的关注，这保证了森林经营以符合社会价值的方式进行。即便非洲国家的森林及其用途存在地理差异，他们也已开始认识到根据更现代的可持续性原则经营森林的重要性。主要原因：①需要保护仅存的少数热带森林；②需要确保目前的"采伐作业"不会危及未来的增长潜力；③需要以反映更现代的"可持续森林作业 —— SFO"原则的方式实施；④投资者对新种植园及森林作业的需求；⑤在非洲大陆以外的森林经营和市场需求。本文主要概述了非洲的森林经营问题，包括基于"SFO"原则下的森林经营、木材生产、环境和社会之间的主要关系。

（王紫珊 译）

乌拉圭森林经营（造林和采伐）对环境的影响：一项评估计划

Alejandro Olivera Farias　Carlos Perdomo
（乌拉圭塔库兰博共和国大学）

乌拉圭的桉树和松树种植园面积在过去几十年里迅速增长，从 1990 年的不足 10 万公顷增加至 2015 年的 110 万公顷。随着面积和木材供应的增加，森林作业的机械化进程也在发展。森林机械化为大规模的森林经营带来益处，如提高生产力、降低成本、改善健康和安全条件。然而，它也增加了对环境的影响。重型机械的使用，会以压实（直接影响）和侵蚀(间接影响)的方式影响土壤;同时,机械消耗化石燃料则会产生温室效应。乌拉圭森林作业机械化进程已经有几十年了,但是,还没有科学研究来量化其对环境的影响。为此,通过比较两种采伐系统和两种种植技术,我们提出了一个研究计划,旨在量化乌拉圭森林作业对"采伐-种植"这一过程的影响。这些影响包括土壤压实和侵蚀、能量平衡和碳平衡。此外,我们计划评估采伐和种植的成本,比如环境以及财务等因素,以获得替代方案的整体评估。该方案将量化前四年的变化;然而,我们计划在轮伐期间保留样地。本方案所产生的结论可通过一系列方式为公司和政策决定者提供帮助:根据其对环境的影响来衡量采伐和营林技术的评估;确定效益或税收,以促进不同技术的推广应用。

(王紫珊 译)

可持续森林作业(SFO)概念下的美国森林作业概述

Dalia Abbas[1] Enrico Marchi[2]

(1. 美利坚大学;2. 意大利佛罗伦萨费伦泽大学)

March 等(2018)开展了一项研究,概述了可持续森林作业(SFO)的现代含义及其具体实践。2018 年 7 月,国际林联《新闻聚集》(Spotlight 60)题为"在森林作业中创造良性循环"的文章中强调了该研究。该研究旨在整合环境、经济、工效学、质量和人与社会等多方面来补充现有研究的不足。这些方面与森林经营供应链息息相关。这项研究的目的是检验 SFO 研究在美国的相关性,并确定与其适用性有关的问题,使人们了解应用 SFO 框架的潜在优势或不足。

(王紫珊 译)

红椿天然群体局部适应性受降水和温度驱动

刘军 姜景民 李彦杰 孙杨 陈宏志 董昕

(中国林科院亚热带林业研究所)

红椿是中国特有的濒危树种,广泛分布于中国东部和西南部。本文利用 8 个基因组微卫星标记和 17 个 EST-SSR 标记对来自云贵高原和华东地区 2 个区域的 9 个红椿天然群体适应性遗传变异和遗传结构进行了研究。研究结果表明,红椿天然群体具有较高遗传多样性水平,区域间、群体间和群体内个体间均存在极显著的遗传分化。使用贝叶斯聚类程序 STRUCTURE 分析,红椿 9 个天然群体聚为 4 类。利用多项式-Dirichlet 和层次模拟模型确定了 4 个离群位点。Mantel 检验表明,地理和气候因素共同影响了红椿的遗传结构。基于冗余分析(RDA),气候变量与遗传变异的相关性强于地理变量。来自离群位点的 8 个等位基因具有潜在的适应性,与降水或温度变量相关。这表明包括降水和温度在内的气候变量是红椿群体局部适应的驱动因素。

麻楝遗传多样性

武冲[1,2]　仲崇禄[1]　Khongsak Pinyopusarerk[3]

（1. 中国林科院热带林业研究所；2. 山东省农业科学院山东果树研究所；

3. 澳大利亚联邦科学与工业研究组织）

对麻楝属包含 1 个种麻楝（*Chukrasia tabularis*）还是 2 个种麻楝和毛麻楝（*C. velutina*），有不同看法。尽管 2 个种在形态特征中明显不同，但一些作者仍认为后者只是前者的季节性生态型。ISSR 标记用于确定 23 个麻楝属亚种群的遗传多样性和种群结构。清楚地将参试材料分成了 2 个不同的亚种群。研究已经证明，ISSR 标记可用于描述麻楝亚种群在自然分布范围内的遗传多样性和遗传关系。我们已经表明，麻楝种群结构强。首先，群体可以分为 2 个高度不同的类群，符合麻楝形态表型和毛麻楝的形态特征。其次，各国家的麻楝种群间有很强的亲缘关系。本研究表明，应重新审视麻楝属目前的分类。研究结果对生物多样性保护战略的设计也具有影响：两个主要分类组基因保护林可能应当各自单独管理。

中国桉树病害

陈帅飞[1]　Michael J. Wingfield[2]

（1. 国家林业和草原局桉树研究开发中心；2. 南非比勒陀利亚大学林业与农业生物技术研究所）

中国桉树人工林面积达到 450 万公顷，占整个国家人工林面积的 6.5%。过去 20 多年内，一些重要的病害给中国桉树人工林带来一定的危害。病害主要包括由畸腔菌科（Teratosphaeriaceae）、球腔菌科（Mycosphaerellaceae）、丽赤壳属（*Calonectria*）以及桉座孢属（*Quambalaria*）真菌引发的叶部病害；由葡萄座腔菌科（Botryosphaeriaceae）、隐丛赤壳科（Cryphonectriaceae）、长喙壳属（*Ceratocystis*）以及畸腔菌属（*Teratosphaeria*）真菌引发的茎干溃疡和枯萎病；由类青枯假单胞菌（*Ralstonia pseudosolanacearum*）引发的青枯病。在温室和人工林的致病力试验表明，不同桉树基因型对各类病原菌的抗病性存在显著差异，这表明通过培育和选择抗病性强的桉树遗传材料是病害防控的有效途径。研究结果还显示，一些病原菌在中国的物种和种群多样性很高，这表明一些病原菌可能为中国本土生物。为减少病害对桉树产业带来的损失，未来的研究需要进一步了解病原菌的地理分布、遗传多样性和生态学特性。

华南地区柚木人工林经营策略与实践

周再知　王西洋　梁坤南　黄桂华　杨光
（中国林科院热带林业研究所）

自 20 世纪 80 年代以来，随着珍贵树种柚木木材价格及市场需求的不断提升，一些单位及私营企业开始大力投资和种植柚木无性系人工林。然而，普遍缺乏行之有效的经营管理方法以促进柚木的生长和大径材的定向培育。近年来，采用何种经营技术体系和模式，以提升珍贵树种生长量和质量，备受国家林业管理部门的关注。在国家重点研发计划"柚木定向培育技术集成与示范（2017—2020 年）"项目的支持下，中国林科院热带林业研究所在贵州、云南、福建、广西和广东等省份，建立了柚木人工林高效培育试验示范点。本文的目的是为柚木速生、丰产人工林的建设，促进柚木的生长和无节良材的形成，提供一些可以借鉴的经营策略和集约经营技术，主要包括施肥、修枝和间伐集成技术，以及提高经营者生计的农林复合经营技术。此外，本文还关注了柚木无性系生长、木材材质与立地之间的关系。

柳树 SmSRP1 通过调控微管形态参与光相关的细胞扩张

饶国栋　刘晓霞
（中国林科院林业研究所）

光信号和周质微管（MT）阵列对植物细胞的各向异性生长至关重要。微管结合蛋白（MAPs）通过改变微管的形态来调控细胞的扩张和延伸。然而，MAPs 与光信号协同调控细胞扩张或延伸的分子机理鲜有报道。本研究发现，旱柳（*Salix matsudana*）微管结合蛋白 SmSPR1 通过调控微管的形态，参与了光相关的细胞扩张。在拟南芥中过表达 SmSPR1，导致了暗培养下植株的下胚轴出现了右手螺旋的形态，而在光培养下，转基因植株的形态与野生型相比没有变化。进一步观察发现，转基因植株在暗下细胞的各向异性生长降低，并且微管在这些细胞里呈现出左手螺旋的形态。蛋白互作实验证明，SPR1、CSN5A（光形态发生负调控因子 COP9 的亚基），和 HY5（光形态建成的正调控转录因子）彼此之间能在体内结合。拟南芥本底 AtSPR1 的过表达出现了和柳树 SmSPR1 过表达的相同表型。同时，柳树 SmSPR1 能够回复拟南芥 Atspr1 突变体表型，暗示 SPR1 的功能在植物里面具有普遍性。

温度诱导落叶松休眠解除和恢复活动过程中细胞周期基因的转录调控

李万峰[1]　康岩慧[1]　张耀[2]　齐力旺[1]

（1. 国家林木遗传育种重点实验室，国家林业和草原局林木培育重点实验室，
中国林科院林业研究所；2. 国家林业和草原局林木培育重点实验室，
中国林科院森林生态环境与保护研究所）

　　温带地区树木的休眠解除和恢复活动过程与细胞周期基因的表达调控密切相关。然而，温度调控细胞周期基因表达的具体机制尚不清楚。我们比较了落叶松活动期和休眠期的转录组变化，着重分析了细胞周期基因和转录因子的表达、它们之间的关系以及对温度的响应。结果表明，12 个细胞周期基因和 31 个转录因子（17 个家族）在活动期高表达，说明它们之间可能存在调控关系；启动子分析表明，12 个细胞周期基因可能受到 10 个转录因子家族的调控；综合分析显示，来自 7 个家族的 16 个转录因子与 10 个细胞周期基因之间可能存在 73 个调控事件，而酵母单杂交分析证实了其中的 3 个。最后，我们发现这 5 个基因在休眠解除和恢复活动过程中具有相同的表达模式，进一步表明它们参与温带树木的休眠解除和恢复活动过程。这些结果不仅有助于解析温度调控细胞周期基因表达的具体机制，也有助于理解气候变化背景下温度调控树木生长发育的机理，为林木培育提供理论基础。

中国木本油料树种文冠果基因组

毕泉鑫　赵阳　刘肖娟　于海燕　王利兵

（中国林科院林业研究所）

　　文冠果，无患子科文冠果属植物，是中国特有木本油料树种。文冠果是中国北方重要的经济生态树种，抗旱、抗寒（-40℃可以生存），抗逆性强，可以很好地保持水土、涵养水源。文冠果种子的含油量高达 67%，文冠果油里不饱和脂肪酸含量高达 85%~93%，其中油酸 28.6%~37.1%、亚油酸 37.1%~46.2%，这些都是人体膳食必需的营养成分。近年来，鉴于中国食用油短缺的问题，文冠果越来越受到中国政府和人们的关注。在我们这项工作中，通过二代高通量测序、三代单细胞测序和 Hi-C 技术，我们组装了文冠果全部 15 条染色体的基因组，其中 97.04% 的 Scaffolds 被锚定在染色体上。基因组组装的大小为 504.2 Mb，其中 Contig N50 大小为 1.04 Mb，Scaffold N50 大小为 32.17 Mb。文冠果基因组注释结果显示，68.67% 的基因组序列为重复序列。通过基因模型，预测到 24672 蛋白编码基因。文冠果高质量基因组信息和基因结构注释以及进化数据提供了一个丰富遗传信息

的基因组资源，可以更好地解释文冠果在文冠果属和无患子科中的进化特性。

目标图像的无模糊获取——人造板表面缺陷在线检测关键技术

王霄　周玉成

（中国林科院木材工业研究所）

人造板的表面缺陷影响产品质量，其在线检测技术的开发势在必行。利用机器视觉可替代人眼观测，是实现自动化检测的可行手段。然而，生产线的高速移动导致图像运动模糊，严重影响缺陷识别效果。本研究提出一种基于机械传动方式的高清图像获取方法，通过补偿曝光期间内相机与目标的相对位移来根除运动模糊。为实现对运动物体跟踪的线性可控，采用一凸轮驱动相机，并利用"速度曲线拼接法"使凸轮轮廓线包含一线性段，专用于相机曝光。开发出了样机，其中设有编码器，分别测量传送带和相机瞬时速度，用于考察该机构的跟踪效果。结果显示，线性段内相机与传送带速度差只有 0.38%，且传送带速度与凸轮转速呈现稳定的线性关系。采集的人造板在线图像显示，板材及其缺陷清晰可辨，且经计算模糊长度小于 2 像素，验证了提出的去模糊方法的可行性。此外，将本方法与经典的 Lucy-Richardson 图像恢复算法进行比较，结果显示本文方法不仅节省了图像恢复的运算时间，且更好地保证了图像质量。

中国木材 DNA 条形码识别技术的最新进展

焦立超　殷亚方

（中国林科院木材标本馆；中国林科院木材工业研究所）

随着全球森林资源贸易量的急剧增加，木材尤其是热带木材物种已迅速成为《濒危野生动植物种国际贸易公约》（CITES）近年来关注的焦点。开展木材识别技术研究，实现其科学与准确识别，是保护濒危木材资源的关键技术基础。仅依靠传统木材解剖技术，一般只能识别木材到"属"或"类"，无法实现树种识别。最新发展的木材 DNA 识别技术为解决这一科学难题提供了可能。本文综述了近年来中国木材 DNA 识别技术的最新研究进展。通过建立高效的木材 DNA 提取方法，突破了从木材组织尤其是高温干燥和长期存储木材样本中提取 DNA 的技术瓶颈；基于木材标本馆凭证木材标本，成功构建了适用于木材识别的木材 DNA 条形码数据库。目前已形成了包括黄檀属、紫檀属、沉香属、檀香属等濒危珍贵木材树种的 DNA 条形码数据库。本研究为科学保护和可持续利用濒危珍贵木材资源及实现木材贸易有效监管奠定了基础。

基于质体全基因组优选适用于木材识别的高分辨 DNA 条形码

焦立超　殷亚方

（中国林科院木材标本馆；中国林科院木材工业研究所）

　　DNA 条形码技术已成为当前木材识别的有效手段之一。然而，目前木材 DNA 识别普遍采用信息位点数偏少的通用 DNA 条形码（如 rbcL、matK 等），对亲缘关系接近的木材物种识别成功率较低。本研究首次报道了一种基于叶绿体全基因组筛选的适用于木材识别的高分辨率 DNA 条形码。首先对木材构造特征相似的 3 种紫檀属树种［印度紫檀（*Pterocarpus indicus*）、檀香紫檀（*P. santalinus*）和染料紫檀（*P. tinctorius*）］新鲜叶片进行了叶绿体全基因组测序，通过叶绿体基因组注释、基因功能解析及分类，在全基因组水平基于核苷酸多态性（*Pi*>0.02）参数筛选出 rpl32-ccsA、rpl20-clpP、trnC-rpoB、ycf1b、accD-ycf4、ycf1a、psbK-accD 等 7 个 DNA 高变区，并采用木材样品对筛选出的 DNA 高变区进行 DNA 获取成功率的评估。研究表明，木材样品中条形码 ycf1b 的获取成功率最高（76.7%），且对 3 种紫檀属物种木材样品的识别成功率为 100%。因此，推荐 ycf1b 作为 3 种紫檀属木材的高分辨 DNA 条形码。该研究为木材 DNA 条形码方法的科学应用奠定了理论基础，为木材资源的保护与可持续利用提供了技术支撑。

一种利用高分四号 PMI 数据自适应火点检测方法

覃先林[1,2]　刘树超[1,2]　李晓彤[1,2]　刘倩[1,2]

（1. 中国林科院资源信息研究所；2. 国家林业和草原局林业遥感与信息技术实验室）

　　高分四号卫星作为中国对地观测系统之一，于 2015 年 12 月 29 日在我国西昌卫星发射中心发射升空，该卫星是我国第一颗具有 50 米空间分辨率的可见近红外多通道传感器、400 米空间分辨率的中波红外传感器、幅宽超过 400 千米的静止轨道遥感卫星。为了探究利用具有可见近红外多通道和单中波红外通道的 GF-4 PMI 影像监测林火的方法，根据 GF-4 PMI 影像特征构建了一种自适应的火点检测方法。该方法在中国云南省丽江市玉龙纳西族自治县和四川雅江县，以及俄罗斯远东地区发生的森林火灾中进行了监测应用，并利用目视解译结果和 MODIS 火点产品对监测精度进行了验证。结果表明，该方法所得结果的正确率优于 80%、漏判率低于 15%。该火点检测方法可满足利用 GF-4 PMI 影像检测火的应用需求。

基于贝叶斯模型平均法分析杉木单木枯损率
与立地、竞争和气候的关系

鲁乐乐[1]　王翰琛[1]　Sophan Chhin[2]　段爱国[1]　张建国[1]　张雄清[1]
（1. 中国林科院林业研究所；2. 西弗吉尼亚大学林业与自然资源系）

【目的】研究杉木单木枯损率与内部因子和气候因子的关系，以期为杉木科学经营管理提供决策依据。

【方法】以福建杉木密度试验林为研究对象，用贝叶斯模型平均法和逐步 Logistic 回归法两种方法对数据进行计算分析，构建杉木单木枯损模型。数据来源于 15 个长期固定观测样地，从 1984 年至 2010 年共 17 次数据，分 5 种密度。

【结果】通过对比，认为贝叶斯平均法考虑了模型的不确定性，给出了准确的后验概率，得出的结果优于逐步回归法。经过变量筛选后，认为枯损率与胸径、冬季平均最低气温、春季平均气温、夏季平均最高温度成负相关；与初植密度、每公顷胸高断面积、优势高和年龄成正相关。

【结论】研究发现，贝叶斯模型平均法拟合单木枯损模型能够得到较好的结果。并且，竞争越大，枯损率越高；随着温度的升高，枯损率下降。将气候变量纳入单木枯损模型有助于预测未来气候变化条件下的树木枯损率，本研究的发现可以很好地为杉木管理者应对气候变化提供参考依据。

无人机激光雷达与摄影测量估测冠层高度的对比分析

刘清旺[1]　符利勇[1]　李世明[1]　李增元[1]　李梅[2]　王梦皙[1]
（1. 中国林科院资源信息研究所；2. 中国林科院荒漠化研究所）

无人机（UAV）激光雷达和摄影测量能够精细地测量森林结构和地下地形。激光脉冲具有穿透森林冠层并描述植被的垂直剖面的能力。高重叠率图像的立体重建可用于生成密集点云，精细地反映冠层表面的变化。通过激光雷达点云减去激光雷达提取的数字地形模型（DTM）生成激光雷达冠层高度模型（CHM）。通过摄影测量点云减去激光雷达提取的 DTM 生成摄影测量 CHM。研究区位于中国鸡公山国家级自然保护区。通过比较激光雷达 CHM 和摄影测量 CHM 的冠层高度，发现激光雷达高度与摄影测量之间存在高度相关性。基于激光雷达的高度略高于基于摄影测量的高度，冠层高度差值的平均值为 0.1 米。随着激光雷达 CHM 值的增加，摄影测量 CHM 具有减小的趋势。当激光雷达 CHM 高于 16 米时，差异值从负变为正。这表明，摄影测量会高估森林冠层的下部，并在一定程度上低估了树冠的上部。

中国西南亚高山区人工林比天然林具有更长的春季物候持续期

孙鹏森[1]　刘宁[2]　余振[3]　张雷[4]　王景欣[5]　刘世荣[6]

（1. 中国林科院森林生态环境与保护研究所；2. 澳大利亚莫道克大学兽医和生命科学学院；
3. 美国爱荷华州立大学；4. 中国林科院林业研究所；5. 美国西弗吉尼亚大学
林业和自然资源学院；6. 中国林科院）

中国西南亚高山区分布着大面积的人工林。近期研究表明，亚高山地区天然林以及人工林对气候变化非常敏感，增温导致融雪径流提前，加速了早春水分流失，降低了生长季的水分可利用性，这可能导致植被活动下降。春季物候持续期因与亚高山融雪水文过程相关联，因此，对于预测亚高山森林的生长和生产力具有重要作用。当前，对于亚高山森林的春季物候，尤其是不同森林类型包括人工林、针阔混交林、天然针叶林的春季物候对气候变化响应分异规律缺乏系统研究，主要由于传统的基于模型的物候研究方法很难准确描述春季物候的发生与发展过程。本研究采用 MODIS 250 米分辨率的 NDVI 数据，结合气象数据、森林调查数据，利用空间统计直方图的方法，分析了 2000—2015 年川西亚高山流域人工针叶林、天然针叶林、针阔混交林春季的物候发生过程和春季物候持续期的变化规律。研究发现，在研究期间区域人工针叶林出现褐化趋势，而天然针叶林则出现绿化趋势。天然林和人工林均出现物候期提前的现象，其中人工林春季物候起始期（SOS）为第 148 天（DOY），而天然林平均为第 156 天（DOY）。所有类型的森林 SOS 均具有很高的海拔敏感性，其中人工针叶林明显高于其他两种森林类型，针阔混交林的海拔敏感性在 3500 米以上明显降低。所有类型的森林 SOS 对降水的敏感性均高于对温度的敏感性；不同森林类型之间相比，人工林对降水敏感性高于天然林，而天然林对温度的敏感性高于人工林。春季物候持续期（SOSd）来看，人工针叶林为 47.0 天、天然针叶林为 41.0 天、针阔混交林为 40.9 天，人工林的春季物候持续期明显长于天然林。从研究期间的变化趋势来看，所有类型的春季物候持续期呈现上升趋势，且年际波动增加。综合比较，人工林春季物候期更易受到气候变化的影响，尤其是在增温和水分胁迫增加的状况下。

基于区域森林观测的年度变化检测

庞勇　李增元
（中国林科院资源信息研究所）

随着社会与经济的快速发展，森林正面临着越来越多的威胁与压力。如何有效地评估大规模的森林资源已成为多数经济体特别是发展中的经济体共同关注的问题。多时相遥感观测数据能在空间上及时地反映森林变化情况，这为反映森林的增加与减少提供了有效途径。

随着地球观测技术的不断更新与发展，中高空间分辨率遥感数据获取能力不断提升。在本研究中，我们使用了来自多颗光学卫星的时间序列遥感影像，包括 Landsat 5/7/8、Sentiel-2A/B、GaoFen-1/2/6（GF-1/2/6）和北京-2（BJ-2）等。这些卫星可以提供从一周到一个月的重复观测数据，空间分辨率为 4~30 米之间。我们发展了一种光学遥感图像的无云合成算法，该算法利用成像时间、云污染程度和不透明度来进行像素级别的加权平均值，然后，在此基础上计算森林覆盖指数的时间序列来检测森林变化。研究结果分析了广西壮族自治区（中国）、老挝、马来西亚和泰国的研究试验区的结果。通过 GPS 野外定点踏查和人工目视解译来评估变化检测的结果。总体结果表明，采用年度合成图像的森林变化检测精度约为 82%，采用季度合成图像的森林变化检测精度增加到大约 92%。

近红外技术快速分析制浆材材性的研究

吴琰　房桂干

（中国林科院林产化学工业研究所；江苏省生物质能源与材料重点实验室；国家林业和草原局
林产化学工程重点开放性实验室；生物质化学利用国家工程实验室）

制浆材的材性特征与终端产品质量关系密切，为保证稳定生产，需根据原料材种和材性的变化及时调整工艺参数，但传统材性分析手段均属离线检测，无法实现对材性信息的实时反馈。因此有必要开发新型快速检测技术，以促进制浆原料的高效管理和生产工艺的智能调控。本研究基于近红外光谱技术和化学计量学方法，开展了制浆材材性快速检测技术研究。

采集 13 种常见制浆材原料的近红外光谱，并测定原料综纤维素、Klason 木质素、聚戊糖、抽出物、水分、基本密度等多种材性指标，基于化学计量学算法建立光谱信号与各项材性间的回归模型。采用光谱预处理技术对光谱信号进行优化，通过对偏最小二乘法、LASSO、支持向量机和神经网络等多种建模算法的对比研究，建立了适用于不同材性的专属分析模型，并通过遗传算法筛选各材性特征波段，优化模型预测性能。统计分析结果表明，近红外材性分析模型具有稳健性好、适用性广等优点，有望应用于制浆造纸生产线上的制浆材材性分析。

降香黄檀高效培育技术

刘小金　徐大平　崔之益
（中国林科院热带林业研究所）

降香黄檀（*Dalbergia odorifera*）是中国海南省所特有的一种珍贵用材树种，在家具制造、手工艺品制作以及中药生产等多方面具有广泛应用。通过种源/家系筛选试验，筛选出表现优良的优树，同时优化了相应的栽培基质配方、无性扩繁技术体系等，提出降香黄檀最佳的种植苗龄为 2~3 年，苗高为 1~1.5 米，可以大幅度减少杂草对其生长的影响，同时有利于培育出优良的干形以及后续的快速生长。开发了配方施肥和生长调节剂应用等多种调控技术体系，能有效地调节营养生长和生殖生长之间的相对比例，实现定向培育和分类经营，叶面喷施赤霉素可以促进 10 年生降香黄檀营养生长，根外追施磷肥或钾肥有利于生殖生长。修枝、移栽、施肥、生长调节剂应用以及水分和酸胁迫等均会影响降香黄檀心材的形成，乙烯和过氧化氢（H_2O_2）在调控降香黄檀心材形成过程中发挥着重要作用。树干注射乙烯利、保持土壤干旱等技术能加速其形成具芳香气味的心材。应用以上高效栽培技术体系，轮伐期预期可缩短 1/3，经济价值提高 30% 以上。

盐胁迫下转 JERFs 基因杨树中 NHX1 和 SOS1 的表达及根尖离子流变化研究

丁昌俊[1,2,3]　张伟溪[1,2,3]　李丹[1,2,3]　黄秦军[1,2,3]　苏晓华[1,2,3]

（1. 林木遗传育种国家重点实验室；2. 中国林科院林业研究所；

3. 国家林业和草原局林木培育重点实验室）

细胞质内 K^+/Na^+ 平衡对细胞的代谢起重要作用，同时也被认为是植物抵御盐胁迫的重要部分。本研究以转 JERFs 基因银中杨（*Populus alba × P. berolinensis*）ABJ01 及非转基因银中杨 9# 为材料，监测了转基因和非转基因杨树在滨海盐碱地区的生长情况，利用非损伤微测技术测定了 100 毫摩尔/升 NaCl 处理下不同时期（7 天、15 天、30 天）ABJ01 和 9# 根尖离子流的动态变化，并分析了上述 3 个时期的叶片液泡膜和质膜 Na^+/H^+ 逆向转运蛋白基因 NHX1、SOS1 的表达差异。

结果表明，连续 4 年转基因杨树 ABJ01 的株高和地径/胸径生长均明显高于非转基因杨树 9#；在 100 毫摩尔/升 NaCl 处理下，转基因杨树 ABJ01 叶片 NHX1、SOS1 基因表达量均高于未转基因银中杨 9#，具有更强的排 Na^+ 能力，H^+ 内流幅度远大于 9#，且 K^+ 的外流幅度远低于 9#。结论：盐胁迫条件下，转 JERFs 基因银中杨的 NHX1、SOS1 基因表达量更高，使其具有更强的液泡膜和质膜 Na^+/H^+ 逆向转运活性，Na^+ 外排能力和 H^+ 内流能力增强，同时 K^+ 的外流损失更少，进而提高了其维持细胞内 K^+/Na^+ 平衡能力，增强了耐盐性，从而有利于生长积累。

盐生植物白刺耐盐机理研究

杨秀艳[1]　唐晓倩[1]　李焕勇[2]　黄平[3]

[1. 中国林科院（国家林业和草原局盐碱地研究中心）；2. 天津市农业科学院；

3. 中国林科院林业研究所]

白刺属（*Nitraria*，约 12 种）是第三纪孑遗植物，分布于非洲、亚洲、欧洲和澳大利亚。中国约有 5 种，为西北荒漠地区的主要建群种。白刺是典型的盐生植物，具有极强的耐盐性。本研究结果表明：①随着 NaCl 处理浓度的增加，唐古特白刺（N. tangutorum）的根、茎、叶对 Na⁺ 和 Cl⁻ 的吸收和积累趋于增加，对 K⁺ 的吸收增强，对 Ca^{2+} 的吸收减少。②盐胁迫下，随着细胞膜 H^+-ATP 酶和 Na^+/H^+ 逆转运蛋白活性的增加，西伯利亚白刺（N. sibirica）幼苗根 Na⁺ 外排量增加。高的质子泵活性限制了 Na⁺ 通过 NSCCs 流入，同时减少了 K⁺ 通过外向整流 K⁺ 通道和 NSCCs 泄漏。③在 NaCl 浓度为 8‰ 的 40 天内，西伯利亚白刺和唐古特白刺光合色素含量呈下降趋势。当光照辐射达到 1000 微摩尔/（米·秒），唐古特白刺的净光合速率（Pn）低于对照，而西伯利亚白刺高于对照。唐古特白刺叶片核酮糖-1,5-二磷酸羧化酶（Rubisco）和磷酸烯醇式丙酮酸羧化酶（PEPC）活性、胞间二氧化碳浓度（Ci）和气孔导度（Gs）降低，而气孔限制值（Ls）增加。西伯利亚白刺叶片 PEPC 酶活性下降，Rubisco 酶活性、Ci 和 Gs 增加。盐胁迫导致 2 个物种的暗呼吸速率（Rd）和光补偿点（LCP）下降。

越南杂交相思引种驯化及生长性状评价

宗亦臣[1]　郑勇奇[1]　林富荣[1]　黄平[1]　郭文英[1]　许承荣[2]　殷秀芳[3]
（1. 中国林科院林业研究所；2. 合浦县林业科学研究所；3. 江门市林业科学研究所）

越南杂交相思（Acacia mangium× A. auriculiformis）为马占相思（A. mangium）与大叶相思（A. auriculiformis）经天然杂交后选育出的优良无性系，通过林木种质交换引进了 5 个无性系。在华南江门、合浦、漳州和楚雄营造了 4 个试验林。2 年后观测，4 个试验点的杂交相思均可正常生长、开花、结实，丰产性比对照马占相思好。5 个无性系高生长均高于对照，按树高均值排序为漳州>江门>合浦>楚雄；无性系 73# 平均树高 5.2 米，比对照多 24%；4 个点的无性系与对照在胸径上存在显著差异。5 个无性系胸径均高于对照，排序为合浦>漳州=江门>楚雄；73# 平均胸径 5.0 厘米，比对照多 35%；合浦 73# 单株材积为 0.0042 立方米；2014 年合浦遭受"威马逊"台风（14 级）危害后调查，杂交相思风倒率为 35%，对照为 67%；各无性系抗风折能力依次为 73#=75#>10#>71#>16#>CK。2013 年 12 月，楚雄试验点遭遇短时间降雪，以保存率作为抗寒性的评价依据，则抗寒力依次为 10#>73#>16#=75#>CK>71#。按材积（60%）、干形（20%）、保存率（10%）和抗逆性（10%）不同权重综合评价得出，杂交相思 73# 综合表现最好，其次为 71# 和 16#。

多功能森林经营方案编制关键技术及辅助系统研究

谢阳生[1]　陆元昌[1]　雷相东[1]　刘宪钊[1]　王晓明[1]　蔡道雄[2]　国红[1]
（1. 中国林科院资源信息研究所；2. 中国林科院热带林业实验中心）

随着我国森林经营逐步进入多功能森林经营阶段，多功能森林经营方案的编制任务日渐紧迫，多功能森林经营方案编制技术作为多功能森林经营方案制定的基础和关键，目前尚未形成一套完整的体系。本文从多功能森林经营方案编制技术体系入手，研究多功能可持续森林经营方案编制的理论和关键技术，包括多功能森林经营区划、森林作业法设计、可持续采伐量计算、多功能森林经营的投入产出等关键技术。将"功能区划−作业法设计−效益分析评价"这个支撑森林经营方案的底层结构和算法模式串联起来，提出与经营目标和作业方法一致的结构化整体进程模型，并集成到软件系统中，形成多功能森林经营方案辅助设计系统。本研究提出了多功能森林经营方案编制关键技术，梳理了技术体系，完成了辅助设计系统。研究的结果为多功能森林经营方案编制提供了技术规范及辅助工具，是多功能森林经营方案编制技术集成的有益尝试。同时，对支持森林生态系统可持续经营管理、推进森林经营方案的编制和实施、确保编制成果的科学性和实用性都有重要的意义。

国家林业科学数据平台建设与应用

纪平　侯瑞霞

（中国林科院资源信息研究所）

国家林业科学数据共享服务平台是 28 家国家科技基础条件平台之一。平台收集可追溯的林业科学研究数据，制定并执行数据整合标准，在互联网上提供整合数据的共享。平台从 2001 年开始建设，2009 年建成投入运行。目前，平台拥有 12 类数据，包括森林资源、草地资源、湿地资源、荒漠资源、林业生态环境、自然保护地、森林保护、森林培育、木材科学技术、林业科技文献、林业科技项目和林业行业发展等，共建成 168 个数据库。此外，平台还拥有 10 个子平台，3 万多用户。本文概述了国家林业科学数据共享服务平台的结构、内容和应用。

多源森林资源空间数据集成研究

侯瑞霞　纪平

（中国林科院资源信息研究所）

森林资源空间数据是森林经营管理数据融合的空间对象，丰富的空间数据可以全面展现森林资源和生态的变化状况。本文通过分析其内在特质及差异性表现形式，揭示森林中包含的各种因素之间的关系和内在变化规律。同时，通过森林资源空间数据的关联性分析，实现多源性森林资源空间数据的统一表达，为林业资源信息管理与共享服务提供空间信息支撑。

林业小班边界三维可视化编辑方法

李永亮[1]　张怀清[1]　杨廷栋[1]　谭新建[2]
（1. 中国林科院资源信息研究所；2. 中国林科院亚热带林业实验中心）

　　将三维虚拟场景渲染与森林小班编辑需求相结合，提出一种三维虚拟场景内森林小班编辑方法。首先，根据小班二维矢量边界计算边界节点，并以三维场景实体表达小班边界节点；其次，利用鼠标拾取需要编辑的节点实体，进行移动、新建等交互式编辑操作；最后，提出小班边界三维可视化移动、切割、合并等编辑下的小班边界节点实体排序算法，根据重新排列的实体顺序，重新绘制小班三维边界。以具体小班二维矢量数据、地形数据为例，基于 MOGRE 渲染引擎进行了林业小班边界三维可视化编辑方法验证。结果表明，此种方法可还原小班真实的三维存在形式，反映其三维空间结构特征，可直接实现任一小班边界的三维可视化移动、切割与合并等交互式编辑操作与结果模拟。可将此方法直接用于森林资源调查规划设计业务工作当中，以提高森林资源科技管理水平。

基于 WF 的经营单位级森林经营方案可视化编制技术

杨廷栋[1]　张怀清[1]　李永亮[1]　谭新建[2]
（1. 中国林科院资源信息研究所；2. 中国林科院亚热带林业实验中心）

　　针对森林经营方案编制技术与计算机结合程度不够、方案表现不直观等缺点，利用 WF 工作流技术，结合湖南攸县黄丰桥国有林场、湖南平江县国有芦头林场、内蒙古绰源林场等多个林场的森林经营方案，完成自定义方案编制工作流模型建模过程，实现对森林经营方案的可视化编制。结果表明，林场级森林经营方案编制过程得到了直观展现，森林经理期内小班经营措施、采伐总量、生态效益等直接呈现在三维场景中，此方法面向经营者具有可操作性强的特点。经营方案编制过程中的划分森林经营类型、设计经营措施、计算采伐量、效果评价等内容均以流程模块形式表达。应用林场级森林经营方案编制可视化模拟技术，可以实现对经营方案编制过程的可视化操作，实现对经营过程的效果检测，提高森林经营数字化程度。

我国沉香生产和沉香人工林的发展状况

徐大平　刘小金　王东光
（中国林科院热带林业研究所）

我国华南地区种植了 10 万公顷沉香人工林，主要用于生产沉香、医药、香料以及提取精油等，主要树种为土沉香（*Aquilaria sinensis*）、云南沉香（*A. yunnanensis*）和奇楠沉香（*A. crassna*）等，土沉香占绝对优势。在沉香幼苗的培育期间，防止根部线虫的入侵至关重要，容器苗造林的最佳苗龄为 2~3 年，苗高 1 米左右；施肥有利于幼树早期的快速生长，当平均胸径长到 10~15 厘米，树龄为 5~10 年时就可开始人工结香。沉香在自然生长条件下不会结香，直到受到外部昆虫、病害或风害等损伤后才可能结香。此外，结种真菌、注入化学试剂、断根、树皮开窗、树干钻孔等方法均有助于结香。当沉香受到外部伤害或损伤后，树干呼吸作用会增强，木质部淀粉含量减少，最终形成沉香挥发油积累于受伤部位周围。沉香的结香是一种诱导性刺激动态过程，受伤后会启动内部的防御反应，合成相应的次生代谢产物。人为制造伤害、注射生长调节剂和无机盐以及接种真菌等是加速沉香结香的方法，树干的防御反应和呼吸变化可用于预测沉香结香。

油橄榄果渣中酪醇衍生物制备及活性评价

王志宏[1,2]　王成章[1,2]　周昊[1,2]

（1. 中国林科院林产化学工业研究所，生物质化学利用国家工程实验室，
国家林业和草原局林产化学工程重点实验室，江苏省生物质能源与材料重点实验室；
2. 江苏省林业资源高效加工利用协同创新中心）

橄榄油加工废弃果渣中富含羟基酪醇等多酚类物质，具有抗氧化、调节血脂、抗肿瘤等生物活性。羟基酪醇侧链醇羟基可以通过酯交换反应生成新型的 β-酮酯类化合物。β-酮酯由于具有亲电羰基和亲核碳，被认为是有机合成中有效中间体。本研究主要以羟基酪醇作为反应底物，先通过酯交换反应制备 β-酮酯，再由该中间体制备二氢嘧啶酮类衍生物，并考察不同目标化合物对 α-葡萄糖苷酶和 α-淀粉酶活性的抑制作用。结果表明，由苄基保护酚羟基制备的酪醇 β-酮酯类衍生物对两种酶具有较好的抑制作用，同时以该类化合物为反应底物制备的 3,4-二氢嘧啶酮类衍生物对酶活性的抑制作用明显提升，并且相比较于其他取代基团，含氟的该类衍生物对两种酶的抑制效果更为明显。本研究为油橄榄果渣的高效利用开辟新的思路，同时对于治疗糖尿病新型活性药物中间体的开发具有一定参考价值。

漆酶催化合成漆酚儿茶酚衍生物作为 hCA 抑制剂的研究

齐志文[1,2,3]　周昊[1,2]　王成章[1,2]

（1. 中国林科院林产化学工业研究所；2. 国家林业和草原局林产化学工程重点开放性实验室；
3. 北京林业大学材料科学与技术学院）

漆酶与漆酚共存于生漆中。T1 Cu 位氧化还原电位低于细菌菌落产生的漆酶氧化还原电位，仅达 430 毫伏。漆酶催化反应，一般是通过氧化生成自由基来实现，自由基被氧化

为具有高氧化还原电位的底物分子。漆酚作为一种新型的抗肿瘤物质，容易化学转化为香豆素衍生物，具有抑制人类碳酸氢酶（hCA）的活性。由于 hCA 抑制剂是一些抗癫痫药物（AEDs）活性的潜在分子，因此 hCA 抑制剂有望具有抗癫痫作用。我们设计并合成了一系列新的 C15 三烯漆酚衍生物，结果表明它们能有效地抑制 HepG2 的增殖。此外，我们首先利用分子对接算法分析了最高活性化合物的可能结合模式，并计算了它们对 hCA 酶的生物活性。最终，一些衍生物可以很好地降低 hCA 的表达。

面向可持续发展的林业研究与合作
——国际林联第 25 届世界大会成果集萃

生物多样性、生态系统和
生物入侵

主旨报告

《濒危野生动植物种国际贸易公约》附录树种的国际贸易
——关于生物多样性、生态系统和生物入侵的政策视角

Ivonne Higuero

报告人简介：Ivonne Higuero 现任《濒危野生动植物种国际贸易公约》(CITES) 秘书长。Higuero 女士是一位杰出的环境经济学家，她在可持续发展领域的国际组织工作长达 26 年，拥有在世界、区域和国家不同层面的工作经验，并广泛接触包括政府和私人在内的利益相关方群体。Ivonne 在联合国工作的 24 年里，在管理财政和人力资源、监督各项工作计划的执行以及向政府间机构提供秘书处服务等方面展现了优秀的领导力。她曾担任联合国欧洲经济委员会经济合作和贸易司司长，在联合国环境规划署 (UNEP) 负责生态系统管理方面事务多年，曾担任泛欧生物及景观多样性战略的协调员，以及生物多样性相关公约与区域海洋方面国际公约的联络人。她是巴拿马籍公民，拥有美国密苏里大学生物学学士学位、杜克大学自然资源经济学和政策环境管理硕士学位。

《濒危野生动植物种国际贸易公约》(CITES) 执行秘书长 Ivonne Higuero 女士的报告主要涵盖 CITES 的背景及目标、CITES 视角下濒危物种国际贸易的主要威胁、CITES 树种的可持续森林经营项目实践 (欧盟 – CITIES 树种项目) 三个方面。

CITES 于 1973 年 6 月 21 日在美国首都华盛顿所签署，1975 年 7 月 1 日正式生效，共有 183 个缔约方。CITES 将其管辖的物种分为三类实施保护，分别列入三个附录中，并采取不同的管理办法，其中附录 I 包括所有受到和可能受到贸易影响而有灭绝危险的物种；附录 II 包括所有目前虽未濒临灭绝，但如对其贸易不严加管理，就可能变成有灭绝危险的物种；附录 III 包括成员国认为属其管辖范围内，应该进行管理以防止或限制开发利用，而需要其他成员国合作控制的物种。国际社会正在对 CITES 形成前所未有的依赖，以共同实现野生动植物国际贸易合法、可持续和可追溯的重要使命，并且不威胁它们在野外的生存。

CITES 一直以来非常重视珍稀树种的保护，CITES 附录中的树种从成立之初的 18 种 (1975 年) 增加到现在 500 种左右的用材树种，仅在最近的第 17 届和第 18 届缔约方大会上就增加了 300 种左右，包括黄檀属 (*Dalbergia*) 的 250 种和洋椿属 (*Cedrela*) 的 17 种。

CITES 保护的关键性核心原则是非致危性判定 (Non-detriment findings, NDFs)。NDFs

机制自 2013 年实施，CITES 对如何制定 NDFs 不做强制性要求，但要求完成的 NDFs 结果共享并在 CITES 网站上公布。在 CITES 网站上已经有 19 个树木有关的非致危性判定指南，CITES 也鼓励召开有关的国际研讨会以支撑更好的 NDFs 实施。对附录 I 中的物种进口必须由进口方提供非致危性判定评估后才可核发进口贸易许可。非致危性判定由科学机构进行，并将评估结果报给政府管理部门。NDFs 可以通过科学机构的书面报告、特定时段的评估进行，也可以通过缔约方大会讨论确定。非致危性判定基于科学的风险评估，以确保附录 I 和附录 II 中的物种不会因出口而受到损害。评估需要尽可能采用最好的技术和最可靠的数据与信息进行，并将获取的信息及时传递给管理部门以采取更具针对性的管理方法和监测。根据评估结果，科学机构可以判断是否需要提高关注等级并采用更谨慎的出口方式。科学机构根据非致危性判定的结果，可以建议出口配额。出口配额作为一种管理工具，确保出口的物种量维持在不损害物种的种群数量。出口配额需要每年进行评估，以便及时反映对物种的影响。

Higuero 女士以非洲紫檀为例，讲述了 CITES 在珍贵木材保护方面的努力和成效。通过鼓励缔约方控制合法的国际贸易、停止非法的国际贸易，取得了良好的保护成效。非法的木材贸易往往呈现出非法跨境转移、使用伪造文件、使用武力和腐败、多级网络化架构等有组织犯罪的特点。2016 年，联合国发布的《世界野生生物犯罪报告》中指出大约有 7000 种物种存在非法贸易路径。非洲紫檀的国际贸易主要通过东南亚进入印度和中国。

下一步 CITES 将成立针对 CITES 附录树种非法贸易的工作组。现在已经联合国际热带木材组织等机构在热带木材鉴别方面开展了一些工作，在拉丁美洲、非洲和亚洲启动了 78 个项目。与欧盟合作了"欧盟－CITES 树种项目"，旨在帮助公约缔约方增强对附录树种保护的能力。长期以来，CITES 公约秘书处一直支持和鼓励意识提升和能力建设。在来源国、过境国以及目的地国家之间，必须采取强有力的共同行动，才能有效地打击附录树种的非法贸易。

（整理、记录：庞勇）

母亲树之声

——关于生物多样性、生态系统和生物入侵的科学视角

Suzanne Simard

报告人简介：Suzanne Simard 为加拿大不列颠哥伦比亚大学森林与自然保护科学系森林生态学教授，是林木菌根碳氮生理生态与森林可持续利用方面的专家。本科毕业于哥伦比亚大学，获得俄勒冈州立大学理学硕士和博士学位，母树（中心树）项目的带头人。研究方向为生物多样性、生态系统服务和生物入侵。迄今为止，已经发表 200 多篇文章，近期（2020 年）将出版著作《寻找母亲树》。Suzanne 教授在地下真菌网络方面的研究较为突出，真菌网络将树木联系起来，促进了树与树之间的交流。她目前正在研究真菌网络的复杂性、适应性和恢复力如何促使森林适应气候变化。

加拿大温哥华不列颠哥伦比亚大学教授 Suzanne Simard 的报告从森林生态出发，重点讲述森林中母亲树的角色和作用，报告精彩有趣、深入浅出，颇具启发性。

Suzanne Simard 教授的研究重点是生活在土壤中的类似真菌中的生物如何帮助树木存活和生长。通过 30 年来对加拿大森林种间关系的研究发现，树种之间不仅是彼此竞争关系，它们也通过地下菌根的真菌网络相互联系、交流和合作。一些真菌生活在树木的根部，形成菌根真菌。这些真菌帮助树木从土壤中获取养分和水，以吸收碳。她首次提出了菌根网络的形成机理、生态学和模型理论，在森林生态领域引起较大反响。

1997 年，Suzanne Simard 加入了不列颠哥伦比亚大学菌根研究组，研究组发现树木是通过菌根真菌的地下网络相互连接在一起的。这个网络允许树木通过相互传递碳、养分和水来进行交流。Suzanne 还帮助识别了一种叫做"中心树"的东西，也就是"母树"。母树是森林中最大的树木，是地下菌根网络的中心枢纽。它们以真菌感染幼树或幼苗，并运送它们生长所需的碳、氮、水、养分等，使整个森林中物质和信息重新分配。

Suzanne 近期在从事一个为期 6 年的研究生培训计划，用于交流他们在气候变化方面的发现和想法。通过研究发现，树木、土壤和森林地下结构与功能扰动之间存在着复杂的生态关系。Suzanne 表示森林中的树也能够相互交流。通过 ^{13}C 和 ^{14}C 同位素的实验，她发现不同的树之间可以通过埋藏于地底下的根系进行物质交换。它们通过这种物质交换互相帮助，同时也可以交换危险信息。更多的研究发现，在森林中还存在着一些"中心树"，它们会通过菌根网络给小树输送营养物质，就像 Suzanne 的妈妈照顾她一样，她把这些树叫做"母树"。一棵母树周围会有很多子树，母树会帮助子树成长，当母树衰老时，会给子树传递信息，让子树尽快播种。

巨大的根系统支持上面高耸的树干。与这些树根相配合的是共生真菌，称为菌根。这些真菌有无数分岔的线状菌丝，菌丝构成菌丝体。菌丝体扩散的区域比树根系统更大，并通过根系把不同树连接在一起，这些联结形成了菌根网络。通过菌根网络，真菌可以在树

木之间传递资源和信号分子。Suzanne 知道最古老的树有最大的菌根网络，与其他树的联系最多，但这些联系追踪起来非常复杂。因为大约有 100 种菌根真菌。一棵树可被几十种不同的真菌生物占领，每种真菌连接特定的树种，因此每种树拥有特定的真菌组织。为了解物质如何在网络间流通，Suzanne 等观察了糖类是如何从成年的树传输到邻近幼苗的。

糖类在远高于地面的地方开始迁移，迁移过程始于树冠上方顶端的叶子。叶子吸收充足的阳光，通过光合作用产生糖分，这种必要的养料通过树木进入树干底部的浓树液中。从那里，糖分转移到根部。菌根真菌遇到根尖，然后，根据真菌的类型，它们会围绕或穿透"外根鞘细胞"。真菌像树一样需要糖作为养分，虽然它们无法生产糖，但它们可以比树根更高效地吸收土壤中的营养——并将这些营养素传递进树根里。通常，物质会从更丰富的地方流向缺乏的地方，或者从源到库。也就是说，糖从树根流到真菌菌丝。一旦糖进入真菌，它们沿着菌丝穿过细胞间的气孔，或通过特殊的空心传送。真菌会吸收一部分糖分，同时有一部分糖会进入相邻树的根，假如是一棵树荫下生长的小树，通过光合作用产生糖的机会相对少一些。

但为何真菌要在树间传送营养呢？这是菌根网络的未解谜题之一。真菌与树交换土壤养分和糖以实现共赢，是说得通的。真菌可能以不明显的方式从树间网络中获益，但确切的方法并不完全清楚。也许这种真菌得益于与尽可能多的、不同的树建立联系，并通过在树间来回运输分子以实现其联系最大化。如果真菌不能够促进树间的养分交流，树木可能会减少对真菌的供给。

无论何因，这些真菌在树木间传递了大量的信息。通过菌根，树木可以分辨出养分或信号分子是否来自于同一物种。它们甚至可以判断信息是否来自近亲，像手足或父母。树木还可以通过真菌网络分享信息，如干旱或昆虫的袭击等，在威胁来临前，引起邻近树木增加某种保护酶的产量。

森林的健康依赖这些复杂的沟通和交换。由于万物紧密的相互联系，影响一个物种必然会影响其他物种。

在森林保护方面，森林作为一个复杂的系统，拥有相当强大的自愈能力。实验发现，小规模的砍伐，把母树保护好，物种多样性、基因和基因型多样性的再生，加上这些真菌网络的存在，会使森林的恢复变得无比迅速。森林对于人类的作用与价值毋庸置疑，不能禁止砍树，但是可以减少砍树，并且合理砍树。例如不能砍伐母树，尽量选择生态圈外围的子树，这样能够使得破坏减少。当人们伐木时，需要保护森林的"遗产"——母树和菌根网络，还有树干和基因，这样它们就能把它们的智慧传给下一代的树木，这样整个森林就能经得起未来将会面对的重重困难了。

在试图恢复森林时，应该选择相对应的植物品种，使得他们尽快建立交流，互相帮助，完善生态系统。在报告最后，Suzanne 呼吁大家爱森林从爱护母亲树开始。

（整理、记录：符利勇　张会儒）

会议报告摘要

美国景观中用于加强生态系统服务功能的农林复合经营：科学现状和未来方向

Susan Stein[1]　Gary Bentrup[2]

［1. 美国国家农林中心（华盛顿特区）；2. 美国国家农林中心（内布拉斯加州）］

美国的农户、牧场主、森林所有者、公共及私人实体对通过农林复合经营来提高土地生态系统服务价值的兴趣日益浓厚。科学的数据信息对于农林业政策及计划制定以及帮助土地所有者选择农林复合经营方式都是至关重要的。我们有哪些信息？我们还需要哪些信息？本报告将根据美国农业部林业局国家农林中心的最新评估，回顾美国农林生态系统服务效益的科学研究现状。本报告还强调，我们仍需进行更多的研究，以便更好地给土地所有者提供农林复合经营的相关信息，以及给国家及地区实体提供将农林复合经营纳入可持续土地管理计划的相关信息。本报告将重点介绍农林复合经营在固碳、空气净化和水源质量、土壤富集和生物多样性保护中的作用，并将重点关注气候变化条件下这些生态服务功能的情况。

（宫卓苒　译）

哥伦比亚林牧复合生态系统中的生物多样性保护

Julian Chara　Enrique Murgueitio　Carolina Giraldo

（哥伦比亚可持续农业生产系统研究中心）

在农林业系统中，那些有意将诸如稻科和豆科等饲料植物与灌木和树木结合起来用于动物营养、木材生产及其他用途的农林系统被称为林牧复合生态系统（Silvopastoral systems，SPS）。除了改善动物生产外，灌木及树木的存在也证明了林牧系统对生物多样性的影响，因为它们提供了更丰富的土壤生物、增加了不同森林区划之间的连通性等方面，对生物多样性产生了影响。在农业用地中，林牧系统为鸟类和其他生物提供食物及庇护所，并且充当野生动物廊道，在这里可以发现独特的物种组合。树木成分的引入还证明了其对土壤的物理、化学及微生物特性的影响，因为树木提供了更多的植被层，能够将太阳能转化为生物质。某种程度上，沉积在土壤中的汁、叶、果实和分泌物，对改善土壤性质及固碳有积极影响。哥伦比亚一项研究发现，具有林牧系统地区的鸟类物种数量是无树牧场地区的 3 倍，且通过为依赖森林物种提供临时栖息地的方式，填补不同森林之间的过渡地带以保护鸟类。与无树牧场相比，甲虫及蚁类的种群和丰富度也有所增加。由于这些特性，林牧系统是发展可持续畜牧生产的重要选择，它既可以提供木材和果实，也能为社会提供重要的环境服务。

（宫卓苒　译）

自然资本核算是否是评估农林复合种植的有效体系

Zara Marais[1,2]　　Mark Hunt[1,2]　　Thomas Baker[1,2]　　Anthony O'Grady[3]
（1. 澳大利亚塔斯马尼亚大学；2. 澳大利亚研究理事会森林价值培训中心；
3. 澳大利亚国家研究收藏中心土地及水分馆）

应对农业可持续生产挑战的一种方法是加大对生态系统服务功能的利用，以提高生产力，并以此减少或代替外部投入。农林复合系统因其能够进一步提供一系列有益的生态系统服务而获得了一些认可，尤其是获得了联合国粮食及农业组织的认可。但是，很少有研究尝试量化这些生态系统服务功能，或考虑它们之间的权衡和相互关系。自然资本核算（Natural capital accounting，NCA）以实物或货币形式提供有关自然资源和服务的存量和流量的相关信息。它可以提供一种核算机制，根据它为农业提供的生态系统服务流入量，来评估构成农林复合种植中树木及灌木的经济价值。自然资本核算已在全国及各地区广泛应用。本研究探讨了在农场规模上将自然资本核算应用于农林复合经营的挑战、局限性及潜在机会。研究发现，自然资本核算确实可能是一个有效体系，可以根据其在农场规模上提供的生态系统服务来量化和比较各种农林复合种植的价值。在这种情况下，利用自然资本核算将会帮助人们更好地理解农林复合种植的价值。

（宫卓苒　译）

近自然森林培育简介

Jens Peter Skovsgaard[1]　　Khosro Sagheb-Talebi[2]
（1. 瑞典农业大学；2. 伊朗森林和草地研究所）

大多林业发展目标都声称，培育森林是为了造福人类，为了生产各种商品和产品（同样是造福人类），为了依靠、保护甚至改善自然森林生长过程。而且这些基本上都认同可持续发展的范式。其中有一种方法叫作近自然森林培育。以各种表现形式出现在人们视野中的近自然森林培育可追溯到计划林业的引进。基于科学论据，它主要起源于中欧。例如，同龄林皆伐在过去和现在都被视为是一种与近自然森林培育相悖的造林方法。近自然森林培育主要基于树冠连续覆盖原则，常常伴随着物种和树龄组成的巨大差异。在造林理念不断交替两个世纪之后，近自然森林培育的概念确立了下来，目前也已在世界各地的多种森林类型中因地制宜得到了改良应用。尽管近自然森林培育理念在大多数欧洲国家已经确立，并被普遍视为一种管理范式，但我们认为，对其进行科学的调整，以便在其他地区和其他森林类型成功实施这一理念是十分必要的。此外，也有必要确定和进一步研究合乎逻辑的统一术语。当我们提到近自然森林培育时，我们在谈论些什么？在森林培育的探讨中，我们说的是否是同一套术语？还是我们需要中间术语的转换？这些问题都需要进一步解决。

（王彦尊　译）

温带异龄林的培育和经营

Hubert Hasenauer

（奥地利维也纳自然资源与生命科学大学）

采用异龄混交林营林或者开展选用择伐的原因多种多样，其中之一便是它们具有明显的森林可持续性。人们认为这种可持续性是相较于同龄林而言，异龄林相对更稳定的结构和功能状态来判断的。因此，异龄林常常被认为具有"近自然""多样性"等特点。林分管理的可持续性之所以重要，是因为林分是开展林业活动的基础土地单位。同龄林的林分特征在一个轮作期内有所不同，而非同龄或异龄林的林分变化似乎是相对一致的，在采伐周期中没有起点或终点。在这篇报告中，我们从中欧的历史进程角度进行回顾，在异龄林条件下对"近自然"一词进行评价，并提供了 3 个例子：①同龄林和异龄林的土壤动力学；②异龄林的采伐模型；③在企业中应用异龄林的经营体系，对森林经营带来的影响。

（王彦尊　译）

亚洲近自然森林培育：地理空间技术促进其实际应用

Toshiaki Owari[1]　Pil Sun Park[2]

（1. 日本东京大学；2. 韩国首尔国立大学）

近自然森林培育作为一种营林模式，其森林生态系统的内在发展过程是非常重要的。通常人们采用间伐和自然更新的方式，以保持林分结构的稳定性和多样性。作为森林可持续经营的一种有效方式，它越来越受到世界各国的重视，同时它也能够协调可再生自然资源利用与保护多种生态功能之间的平衡。由于森林生态系统具有地理局限性，不同国家和地区都采用了适合本土的近自然森林培育方法。在简要的历史回顾之后，我们将介绍当前亚洲近自然森林培育的趋势和发展情况。我们的报告主要侧重于地理空间技术在促进近自然森林培育方面的应用潜力。激光雷达（LiDAR）和无人机（UAV）摄影测绘等新兴技术可用于绘制表征森林冠层结构和植被类型，并可用于估算基于近自然森林培育理念经营的异龄混交林的林分蓄积量和碳储量。利用这些技术可以精确标注树的位置以及树冠之间的间隙，所收集到的信息也可用于开发空间直观、基于单株树的模型帮助预测林分的长期变化情况，确定自然更新能力较弱的复垦区，并在单一树种的基础上培育珍贵树种。作为亚洲地理空间技术应用的独特案例，我们将介绍位于日本北部的东京大学北海道分校开展的近自然森林培育实践情况。

（王彦尊　译）

热带林业视角下的近自然森林培育

Sven Günter

（德国汉堡杜能国际林业和森林经济研究所）

几个世纪以来，热带地区的森林培育主要是为了生产天然的珍贵木材。现今，热带地区森林退化和森林砍伐仍在上演，这些都危及到当地的生物多样性和贫困人口的生活水平。另外的压力要归因于气候变化。目前，热带森林需要满足不同利益相关方对各种生态系统服务日益增长的需求，包括为减少贫困、保护生物多样性、控制水通量和土壤肥力以及减缓气候变化提供服务和燃料木材等。因此，这意味着除考虑木材可持续生产之外，还需要考虑多功能林业发展战略。在天然林中开展近自然森林培育，如何应对物种入侵和不断变化的干扰因素，诸如飓风或火灾等也是一个问题。这些因素最终可能导致森林生态系统异常，并对森林恢复力造成未知的破坏。针对特定物种和特定地点制定经营方案在热带森林中并不常见。虽然现存的天然林越来越多地面临着可持续利用和保护战略之间的平衡，但重点正在转向迹地更新和景观恢复。"波恩挑战"和《非洲森林景观恢复倡议》（AFR-100）是这一趋势的典型案例，它们在森林培育议程上确定了新的优先事项：先从管理种子来源、提供合适的种植物，再到确定最佳混交物种。虽然造林和恢复植被的趋势可能过于缓慢，无法减轻现存天然林的压力，但在短期内大规模开发必要的造林方法，为未来提供多功能近自然林，仍然是一项宏大的事业。

（王彦尊　译）

南美人工林入侵昆虫：生态模式和管理挑战

Juan Corley[1,2]　Maria Victoria Lantschner[1]　Jose Maria Villacide[1]
［1. 阿根廷巴里罗切林业与农牧业调查研究所（国家农业研究院/国家科学研究理事会）；
2. 阿根廷巴里罗切国立科马霍大学生态学院］

过去几十年，国际贸易和旅游业的发展极大提升了外来物种形成新生态系统的速度。南美人工林系统极易受外来昆虫侵害，部分因为当地森林以松树和桉树为主，之所以引入松树和桉树，因为这两个树种能够生产木材及纸浆，同时又因为本土缺乏食草物种，导致松树和桉树成为优势树种(即天敌逃避假说)。正如全球都在关注的,受到非本土森林昆虫入侵的地方越来越多,在经济和生态方面对被入侵的生态系统造成了巨大的负面影响。值得注意的是,在人工林中发现的最具破坏性的非本土森林昆虫在南美大部分地区和南半球其他地区都很常见。这表明入侵物种之间与受入侵系统之间存在共同特征,这可使我们确定入侵成功背后的广泛的生态模式。通过对南美以松树和桉树为食的现有外来昆虫的案例研究,本研究试图发现几种可能的生态模式,并探讨了这些模式如何影响管理现有物种和防止新森林害虫生存的主要策略。

(申通 译)

氧化应激效应对巴西大西洋沿岸森林的影响

Marisa Domingos[1]　Marisia P. Esposito[1]　Solange E. Brandão[1]

Francine F. Fernandes[1]　Marcela R. G. S. Engela[1]　Ricardo K. Nakazato[1]

Giovanna Boccuzzi[1]　Douglas D. Santos[1]　Milton A. G. Pereira[1]

Mirian C. S. Rinaldi[1]　Marcia I. M. S. Lopes[1]　Patricia Bulbovas[2]

Claudia M. Furlan[3]　Poliana Cardoso-Gustavson[4]

(1. 巴西圣保罗植物研究所;2. 巴西瓜鲁霍斯大学;

3. 巴西圣保罗大学;4. 巴西 Oxiteno S. A. 公司)

受环境胁迫影响的森林物种抗氧化损伤能力取决于其如何有效维持其氧化-抗氧化均衡。植物抗氧化损伤能力预计存在较大变化。在具有相似功能的森林物种中,抗氧化损伤能力变化与氧化损伤的化学、解剖、生理和生化叶片性状测定指标高度相关。巴西大西洋沿岸森林具有丰富的植物多样性,因此在此地使用上述指标测定方法。巴西东南部是巴西最发达的地区。我们长期致力于研究该地的森林迹地,旨在调查其先锋树种和非先锋树种应对多种氧化环境的抗氧化损伤能力。该研究在大西洋沿岸森林迹地开展,该地与巴西东南部森林迹地在地貌、物种组成、气候特征和空气污染(如二氧化氮、臭氧和颗粒物)存在差异。我们在干湿季采集各森林主要树种的树叶,分析可溶性氮、微量元素和多环芳烃的浓度、解剖特征、非酶和酶抗氧化剂的含量以及氧化损伤指标。与非先锋树种相比,先锋树种氨态氮的比例高于硝态氮的比例。相较于先锋树种,非先锋树种的微量元素更高。与非先锋树种相比,先锋树种的叶片常展现出抗氧化损伤能力更强的解剖和生化特性。综上所述,先锋树种更易适应环境条件引起的氧化应激。

(申通 译)

白蜡面临的共同威胁是即将发生的入侵灾难么？

Michelle Cleary[1]　Pierluigi Bonello[2]　Patrick Sherwood[1]
David Showalter[3]　Yuri Baranchikov[4]
（1. 瑞典农业大学；2. 美国俄亥俄州立大学；3. 美国明尼苏达大学；
4. 俄罗斯科学院西伯利亚分部苏卡切夫林学院）

　　白蜡（*Fraxinus chinensis*）全球衰退与以下两个外来入侵物种相关：真菌 *Hymenoscyphus fraxineus* 和白蜡窄吉丁虫（EAB，*Agrilus planipennis* 鞘翅目，吉丁虫科），两者均源于亚洲。随着真菌 *H. fraxineus* 的传播和扩散，欧洲白蜡数量大幅下降，目前已列入濒危物种。在北美，白蜡种群因白蜡窄吉丁遭到严重破坏，导致9种北美白蜡树种列入红色名录，其中6种被认为濒临（功能性）灭绝。欧洲梣木（*F. excelsior*）是欧洲温带阔叶林的关键物种，它的缺失会对其他专性有机体或其他高相关有机体造成更广泛的影响，使其生态系统产生级联反应。幸运的是，白蜡树抗性存在较高的遗传性变异。当前，人们正在努力培育抗真菌 *H. fraxineus* 的白蜡品种，然而各国投入培育品种的资源和规模不尽相同。近期研究显示，快速抗性育种与先进的表型方法结合具有巨大前景，给予欧洲梣木恢复新生的希望。然而更为紧迫的是，白蜡窄吉丁的入侵迫在眉睫，目前已席卷俄罗斯的欧洲部分地区和乌克兰的卢甘斯克区，即将入侵欧洲其他地区，引发了对假性入侵灾难的恐惧，这场灾难或许是极具破坏性的。欧洲应对这场威胁的准备工作和对白蜡树未来展望必须依赖于区域和全球合作、基于科学的知识和干预性措施，以及致力于解决方案的协同投资。

（申通　译）

森林保护、地方能力建设、改善生计：
通过农林复合经营实现协同增效的潜力

Maria J. Santos[1]　Rosalien Jezeer[2,3]　Sergio Galaz-Segura[2]　Pita Verweij[2]
（1. 瑞士苏黎世大学；2. 荷兰乌特勒支大学；3. 荷兰热带雨林保护组织）

　　农林复合经营已被广泛提议为小型农户和社区克服公共资源管理困境、保持和防止共同资源减少的一种解决办法。但是，这种经营措施可能与森林保护预期的成果相冲突。本文对通过农林复合经营措施，森林保护、地方能力建设和改善生计三者能在多大程度上实现协同增效提出疑问。本文提出，实现这些目标需要一个类似于接受创新以实现规模化的过程。在适当使用民生资源的情况下，资本将得到提高，并使森林保护与民生生计之间达到预期的规模，实现二者的协同增效。我们在墨西哥鳄梨农场和秘鲁咖啡种植园两个截然不同的农林复合经营案例中检验了这一假设，以评估在给定的干预措施（旨在保护森林或增强生物多样性和其他生态过程的干预措施）下，民生资本的变化程度。我们发现：①墨西哥案例中，干预仅增加了自然资本；②秘鲁案例中，干预既增加了自然资本，也增加了社会资本。这说明，通过干预措施，加强当地能力建设以推广农林复合系统可能会产生相反的结果，我们需要更好地了解民生资本是如何以及是否确实可用于提供必要的规模效应，并防止森林保护和民生生计二者之间的冲突。

（宫卓苒　译）

生态公园是否具有多功能森林特征和丰富的生物多样性

Anne-Maarit Hekkala　Paulina Bergmark　Johan Svensson　Joakim Hjältén
（瑞典农业大学）

芬诺斯坎底亚的森林经营非常有效，自 20 世纪 50 年代工业化森林经营以来，林地覆盖面积和森林生产力都得到了显著提高。然而，这种经济上的积极发展导致了芬诺斯坎底亚北部森林的结构单一化和生物多样性的丧失。现如今的森林经营，旨在确保多功能森林能够提供多种生态系统服务、较高的木材产量、人类休闲游憩的良好可能性（狩猎、露营、采摘浆果），并维持较高的生物多样性。瑞典和欧洲最大的森林所有者在瑞典各地建立了37 个所谓的生态公园，以在景观尺度上维持上述所有森林功能。这些景观面积在 860～14000 公顷之间，综合修复、保护及造林 3 种方式进行管理。同时，大多数森林景观都以"一如往常"（BAU）的方式管理，包括以 80 年为一个循环、每个循环内进行 2～3 次间伐作业，以确保良好的木材质量和生物量产量，并且不会对生物多样性造成负面影响。本研究旨在评估与 BAU 方式管理的景观相比，生态公园在短期内维持更丰富的生物多样性效率。我们调查了生态公园和附近的 BAU 景观中，生存在枯木中的甲虫和膜翅目昆虫的生物多样性，并讨论了本研究的下一步规划，以量化可持续景观管理对生物多样性的影响。

（宫卓苒　译）

北欧森林中生物多样性对局部尺度和景观尺度上森林结构及动态的响应

Olav Skarpaas[1,2]　Anne Sverdrup-Thygeson[3]　Siri Lie Olsen[2]
（1. 挪威奥斯陆大学；2. 挪威自然历史研究所；3. 挪威生命科学大学）

平衡包括生物多样性和森林保护在内的多个目标的森林管理，需要权衡评估框架。虽然存在权衡分析的简单指标（例如林产品和气候调节），但仍需进一步关注生物多样性这一指标，尤其是在空间尺度和动态方面。本文整合了一些在北部森林景观的研究中关于生物多样性和生态系统服务权衡的各种指标。这些研究部分基于系统性监测（例如森林资源清查和生物多样性监测），部分基于遥感和可公开获得的公民科学数据（例如全球生物多样性信息网络 GBIF）。这些研究的结果表明，空间尺度（局部尺度和景观尺度）和时间动态二者都很重要。例如，古橡树的生长和分布、当地昆虫、真菌和附生植物的生物多样性热点，都受橡树的基本气候生态位与土壤生态位，以及伐木模式和其他人为因素影响，这些因素影响了橡树及其周围环境的长期稳定性和品质。同样，在局部尺度和景观尺度上，森林中真菌、地衣和植物在森林中的发生及其丰富度，部分与景观结构有关，部分与森林年龄有关。尽管不同物种对各种生态因素和人为因素表现出不同的反应，但在同一分类/功能组中可以看到相同的反应。综上所述，研究结果表明，在生态系统服务权衡评估中，生物多样性指标可以建立在适当的物种组合的基础上，且应将局部尺度和景观尺度的空间模式及时间动态纳入考虑。

（宫卓苒　译）

管理景观尺度的生物多样性：
为塔斯马尼亚森林实践系统开发的一种方法

Anne Chuter　Amy Koch　Sarah Munks
（澳大利亚森林经营管理局）

在塔斯马尼亚，森林生物多样性保护是通过维持永久的原生森林产业——保护区系统，以及通过在生产用材林中应用与森林作业系统保持一致的管理规定来实现的。传统上，木材生产地区的管理规定是根据具体情况在局部尺度上规划和应用的。但是，考虑到社会和经济因素，这种方法在管理生物多样性价值中并非始终是有用且高效的。例如，分布广泛的物种可能会从景观尺度上的栖息地管理方法中受益，且这种方法对于土地管理者来说也可能更具成本效益。

（宫卓苒　译）

近自然多目标森林经营——中国的选择

吴水荣[1]　Heinrich Spiecker[2]
（1. 中国林科院林业科技信息研究所；2. 德国弗莱堡大学森林生长研究所）

森林的生态、经济与社会效益的重要性在世界范围内都得了广泛的认可。由于过度利用，森林面积大幅减少，直到 20 世纪 50 年代以后，中国政府开展了大量的造林计划，最初主要是应对森林过度利用的环境后果，诸如洪水灾害和水土流失等。在过去的 40 多年，中国的森林覆盖率从 12% 增加到 22%。为了应对气候变化，中国计划在 2020 年比 2005 年新增森林面积 4000 万公顷，在 2030 年比 2005 年新增森林蓄积量 45 亿立方米。然而，中国现有森林中很多林分质量差且生产力低。另一方面，中国经济的快速发展亟需额外的资源，特别是木材等可再生资源。而且，森林生态系统服务也越来越重要。对木材的巨大需求及与此同时不断增加的保护区面积，进一步导致了木材的严重短缺。高生产力且健康的森林变得尤为重要，不仅要为社会提供木材和非木质林产品，而且要提供社会亟需的生态系统服务。这就要求中国森林经营实施战略转变，从扩大森林面积向提高森林生产力和森林质量转变，从主要生产木材向提供多种林产品与服务转变，以及从单一人工纯林向营造多树种、多龄级混交林转变。在综合分析中国森林面临的挑战及可能的经营选择的基础上，本文展示了一些良好的实践案例，并提出近自然森林经营是适合中国的选择。

近危红木树种刀状黑黄檀生境适宜性预测与威胁因子分析

黄平[1]　刘宇[1]　杨文云[2]　宗亦臣[1]　郑勇奇[1]

(1. 中国林科院林业研究所；2. 中国林科院资源昆虫研究所)

刀状黑黄檀(*Dalbergia cultrata*)是一种珍贵的红木树种，主要分布于东南亚以及中国云南南部的亚热带和热带地区。近年来，由于过度砍伐，土地利用变化等人为活动以及其他因素的共同影响，该物种的天然分布范围、资源存量显著下降。分析评价物种生境需求、特点，并预测其潜在的生境范围与适宜性对于目标树种的保护生物学研究具有重要意义。因此，本研究调查了中国云南省南部刀状黑黄檀天然群体分布状况；结合野外调查与标本数据库记录的物种分布数据，利用物种分布模型 MaxEnt 预测了刀状黑黄檀生境适宜性、环境需求，以及在全球变暖情景下的生境适应性变化趋势。研究发现，刀状黑黄檀的天然居群具有零星分布、种群数量少特点，由于土地利用变化，其居群天然更新、基因流可能受到影响；物种分布模型分析显示，等温性、年均温浮动以及最暖季和最湿季降雨量等是影响刀状黑黄檀分布的主要环境因子，这表明其分布对气候变化响应敏感；全球变暖情景下(2 倍 CO_2 浓度水平下)刀状黑黄檀高度适宜生境区域将减少，特别是边缘群体可能受到气候变化的负面作用。因此，制定刀状黑黄檀天然群体优先保护策略应对潜在威胁具有重要意义。该物种是一个跨国界分布的珍稀、近危树种，通过开展国际(区域)合作，对促进其保护生物学研究、可持续经营与利用实践有着积极作用。

基于机器学习算法的全球木本植物叶片植食率决定因子的再评价

刘建锋[1]　王琦[2]　江泽平[1]

(1. 中国林科院林业研究所；2. 广东生态环境与土壤研究所)

叶片植食率受到生物和非生物诸多因子的影响，而量化这些因子的相对重要值及其交互作用对于阐释和预测陆地生态系统碳流失具有重要意义。本研究通过收集和整理全球范围内木本植物相关研究结果及其环境因素(如生物气候和 UVB 变量)，结合每个树种系统发育时间，汇制了一个植食率数据集($n=1478$，包括 128 个科 432 个属 788 个物种)；并采用随机森林回归的机器学习算法，识别与确定了各因素对全球木本植物叶片植食率的相对重要值及其相互作用。结果表明，系统发育时间是决定叶片植食率的最主要因素，其次为土壤有机碳含量（SOC）和最低月平均 UVB。偏依赖分析进一步表明，叶片植食率随系统发育时间和 SOC 的增加而呈非线性下降趋势，但随最低月份平均 UVB 的增加而增加；相对于南半球，北半球木本植物叶片植食率向赤道方向增加更为明显。上述结果将有助于我们进一步认识和理解全球叶片植食率的地理格局与成因。

大兴安岭地区增温和干旱对森林火灾发生的影响及应对策略

赵凤君[1]　刘永强[2]　舒立福[1]

（1. 中国林科院森林生态环境与保护研究所；2. 美国农业部林务局南方研究院森林干扰科学中心）

大兴安岭位于中国的东北部，中国森林火灾总面积的一半发生于这个区域，该区域的森林防火一直处于全国防火工作重中之重的位置。气候是林火发生的重要驱动力，且影响火发生的气候一直在变化中。本文利用近半个世纪的历史火灾和气候资料，分析了火灾发生和气候变化的时间趋势，计算了火灾发生与气候要素的相关性。结果表明，气候变化导致大兴安岭地区的火险期发生了显著变化。历史上，该地区火险期为春季和秋季的双峰型，夏季火灾很少发生。然而近 20 年来，春季和秋季火灾发生的次数均有所减少，但夏季火灾发生的次数显著增多。绝大部分夏季火灾由雷击火引起，而雷击又与天气条件密切相关。火险期的变化主要是由于气候变化导致的夏季气温升高和干旱造成的。为了适应夏季火灾显著增加的火险形势，尤其需要在扑火人员安全方面做出更多的努力，因为夏季更复杂和不稳定的天气将使防火和灭火更加困难，同时扑火人员也将更多地暴露在热浪和高浓度、有毒烟气等恶劣环境中。

华北落叶松人工林大径材全周期经营技术

刘宪钊[1]　雷相东[1]　高瑞东[2]　白晋华[3]　徐建民[2]

（1. 中国林科院资源信息研究所；2. 山西省管涔山国有林管理局；3. 山西农业大学）

华北落叶松是我国北方主要的速生用材树种，因其材质优良，被广泛地应用于华北地区的营造林中，但高品质大径级林木仍然十分稀缺，限制木材市场的发展。基于多功能近自然森林经营理论，提出华北落叶松全周期培育技术：①大径材培育的理论和原则；②相关的培育技术指标体系；③培育计划和作业设计；④大径材培育的作业法体系；⑤标准化的作业措施。这一技术系统由理论、指标、技术、过程和应用 5 个部分组成，将对华北落叶松大径材培育提供依据。

基于 trnQ-rpS16 和 ITS 序列的甘蒙柽柳谱系地理学研究

温月仙　甘红豪　史胜青　褚建民

（中国林科院林业研究所）

甘蒙柽柳（*Tamarix austromongolica*）为我国黄河流域特有种，本研究旨在探讨该物种各居群间的谱系地理结构以及黄河形成对甘蒙柽柳居群分布、遗传结构的影响。本文利用叶绿体基因 trnQ-rpS16 片段和核基因片段 ITS 序列信息，通过 PCR 扩增、测序对分布于我国黄河流域的甘蒙柽柳 17 个居群共 266 个个体进行了谱系地理学研究。研究发现，该物种的叶绿体基因遗传多样性较低（HT = 0.13），但其核基因的遗传多样性较高（HT = 0.82）。甘蒙柽柳居群的遗传变异主要发生在居群内，叶绿体基因和核基因的遗传分化系数 NST（cpDNA：0.15；nDNA：0.22）和 GST（cpDNA：0.19；nDNA：0.24）均不显著（$P>0.05$），且 NST 小于 GST，表明该物种无明显的谱系地理结构。本研究中叶绿体基因的结果显示，甘肃省永靖县、积石山县的甘蒙柽柳单倍型种类、多态性及核苷酸多样性显著高于其他地区，且具有特有单倍型（H2、H4），推测其在永靖县、积石山县附近最为古老，分别向上游（青海省）和中下游迁移，奠基者效应导致新建居群的遗传多样性水平较低。

不同鹅掌楸种质 SSR 标记的高通量开发

李斌　林富荣　黄平　郭文英　郑勇奇

（中国林科院重点实验室，中国林科院国家林业和草原局树木
育种与栽培重点实验室，中国林科院林业研究所）

鹅掌楸（*Liriodendron chinense*）在中国亚热带和越南北部广泛分布，呈现几个小的孤立种群。由于种子产量有限，现在已成为濒危物种。本研究的目的是开发一套 SSR 标记，用于鹅掌楸的遗传研究及种质多样性分析。我们使用新一代测序从基因组的随机测序区域开发了用于鹅掌楸的新型 SSR 标记。总共从 2.84GB 基因组序列中分离出 6147 个 SSR 标记。最常见的 SSR 基序是二核苷酸（70.09%），其次是三核苷酸基序（23.10%）。序列结构 AG／TC（33.51%）最丰富，最后是 TC／AG（25.53%）。测试了一组 13 个 SSR 引物组合的扩增和它们在一组 109 个鹅掌楸个体中检测多态性的能力，代表不同的品种或种质。每个基因座的等位基因数量范围为 8~28，平均为 21 个等位基因。预期杂合度（HE）在 0.19~0.93 之间变化，观察到的杂合性（HO）在 0.11~0.79 之间。本研究中被描述和测试的 SSR 标记为检测鹅掌楸的多态性提供了一种有价值的工具，用于未来的遗传研究和育种计划。

短枝木麻黄遗传多样性

胡盼[1]　仲崇禄[1]　张勇[1]　K. Pinyopusarerk[2]

（1. 中国林科院热带林业研究所；2. 澳大利亚联邦科学与工业研究组织）

短枝木麻黄（*Casuarina equisetifolia*）天然分布于大洋洲、太平洋岛屿及东南亚。基于 13 对 EST-SSR 引物 29 个种源（亦称种群）共获得 308 个等位基因，平均每位点的等位基因数为 23.69。13 个位点的有效等位基因数量、Shannon's 指数、观测杂合度以及期望杂合度分别为 1.533~7.029，0.691~2.139，0.270~0.655 和 0.393~0.858。据 Shannon's 指数大小，5 个区域遗传多样性水平的高低为非洲引种种源区＞亚洲天然种源区＞澳大利亚天然种源区＞美洲中部引种种源区＞亚洲引种种源区。种源内个体间变异占总变异的 70.12%，各区域间种源内变异大小依次为亚洲天然种源区（81.15%）＞亚洲引种种源区（74.58%）＞美洲中部引种区（72.29%）＞非洲引种种源区（68.43%）＞澳大利亚天然种源区（61.45%）。证明了中国的种源应为亚洲天然种群，而肯尼亚、印度和越南的种群可能来自大洋洲天然种群。

三峡库区优势种栲属植物种间联接性研究

程瑞梅[1]　肖文发[2]

（1. 中国林科院森林生态环境与保护研究所；2. 中国林科院）

对三峡库区栲属群落主要乔木种群的重要值、方差比率、X2 统计量、共同出现百分率 PC 和联结系数 AC 等种间联结性指标进行测定。结果表明，小叶栲（*Castanopsis cuspidata*）是三峡库区栲属群落常绿阔叶林的建群种；三峡库区栲属群落 19 个主要种群的总体种间关联性呈不显著负相关，反映了该群落处于不稳定的演替阶段；19 个优势种群构成的 171 个种对中，12 个种对具有显著正相关，7 个种对具有显著负相关，而绝大多数种的联结关系未达到显著水平，种对间的独立性相对较强。

隐丛赤壳科茎干溃疡病原菌在中国桃金娘目林木上具有广泛的寄主范围和高的遗传多样性

王文[1]　Michael J. Wingfield[2]　陈帅飞[1]

（1. 国家林业和草原局桉树研究开发中心；2. 南非比勒陀利亚大学林业与农业生物技术研究所）

桉树作为重要的人工林树种和其他桃金娘目林木广泛分布在华南地区。前期研究表明，我国桉树人工林受到多种茎干病害的威胁，如由隐丛赤壳科（Cryphonectriaceae）真菌引发的茎干溃疡病。通过近几年的病害调查，我们在华南地区多种桃金娘目林木的茎干溃疡病斑上陆续观察到隐丛赤壳科真菌的子座结构。为了探究隐丛赤壳科病原菌在华南地区桃金娘目林木上的多样性及寄主范围，本研究基于核糖体大亚基（LSU）基因、内转录间隔区片段（ITS）、β 微管蛋白基因（BT2/BT1）以及翻译延因子（TEF-1a）基因等 4 段基因 DNA 序列的系统发生分析，结合分离到真菌的形态特征，对分离自 5 属桃金娘目林木的 206 株隐丛赤壳科真菌进行鉴定。鉴定结果表明，分离自华南地区桃金娘目林木的隐丛赤壳科菌株包含 4 属 8 个物种。分别为分离自巨桉无性系的桉树暗隐丛赤壳（*Celoporthe cerciana*），分离自蒲桃的桉树暗隐丛赤壳菌（*C. eucalypti*）和广东暗隐丛赤壳菌（*C. guangdongensis*），分离自巨桉无性系、番石榴、红鳞蒲桃、洋蒲桃的蒲桃暗隐丛赤壳菌（*C. syzygii*）；分离自巨桉无性系、野牡丹、毛稔、番石榴，蒲桃，洋蒲桃等寄主的重要病原菌桉树枝干溃疡病原菌（*Chrysoporthe deuterocubensis*）；分离自小叶榄仁的 *Aurifilum* 属的 1 个新种；分离自巨桉无性系的 1 个新属包括 2 个新种。本研究表明，隐丛赤壳科真菌在华南地区桃金娘目林木上具有较高的物种多样性和较广的寄主范围。

遗传分析显示芒果长喙壳病原菌的寄主专化以及近期寄主转移现象

刘菲菲[1,2]　Tuan A. Duonga[1]　Irene Barnesa[1]　Michael J. Wingfield[1]　陈帅飞[2]
（1. 南非比勒陀利亚大学林业与农业生物技术研究所；2. 国家林业和草原局桉树研究开发中心）

大规模的种群结构分析可以揭示病原菌的多样性、迁移模式和演化历史。这对真菌病原菌芒果长喙壳（*Ceratocystis manginecans*）和桉树长喙壳（*C. eucalypticola*）[统称为芒果长喙壳多物种组合群（*C. manginecans* 复合体）]也尤为重要。前期研究表明，芒果长喙壳多物种组合群病原菌在全球拥有广泛的地理分布并且能够相对容易地扩散到新的区域和植物寄主。本研究针对分离自 9 个国家的 4 个不同寄主[相思树（*Acacia* spp.）、桉树（*Eucalyptus* spp.）、芒果树（*Mangifera indica*）和石榴（*Punica granatum*）]的 500 株芒果长喙壳多物种组合群病原菌，采用 10 对微卫星探针标记（SSR）进行种群遗传学分析，主坐标分析、贝叶斯聚类分析和 Bruvo 遗传距离分析方法揭示出该 500 株病原菌可分为两个主要的遗传聚类。其中一个聚类包含来自桉树和石榴的菌株；而另一个聚类则包含采自相思树和芒果树的菌株。我们使用 *Approximate Bayesian Computation*（DIY-ABC）分析方法来比较描述芒果长喙壳多物种组合群病原菌的 4 个寄主相关种群之间的祖先关系，结果表明与桉树相关的芒果长喙壳多物种组合群种群是其他寄主最有可能的传播来源。本研究结果还揭示出芒果长喙壳多物种组合群有可能发生了寄主转移：即从相思树相关种群转移到芒果属（*Mangifera*）相关种群，而从桉树转移到石榴属（*Punica*）相关种群。

长喙壳科真菌在中国树木的多样性以及
它们对人工林健康的潜在威胁

刘菲菲[1,2]　Irene Barnesa[1]　Michael J. Wingfield[1]　陈帅飞[2]

（1. 南非比勒陀利亚大学林业与农业生物技术研究所；2. 国家林业和草原局桉树研究开发中心）

长喙壳属（*Ceratocystis*）真菌（长喙壳科）包含很多重要的树木病原菌，该属真菌在全球拥有广泛的地理分布并在多种寄主报道。然而，对于这类真菌在中国树木上的分布、物种多样性、起源和危害的研究较少。最近，我们从中国南方5个省份的多种林木寄主上分离到了大量的长喙壳属真菌以及亲缘关系相近的亨特长喙壳属（*Huntiella*）（长喙壳科）真菌。本研究对所采集真菌的物种多样性及致病性进行了研究。结果表明，从多种寄主分离到500多株长喙壳属和亨特长喙壳属真菌，包括相思树（*Acacia* spp.）、杉木（*Cunninghamia lanceolata*）和桉树（*Eucalyptus* spp.）的新鲜树桩的伤口，以及芋头（*Colocasia esculenta*）的腐烂块茎。通过形态学和系统发生学研究，我们鉴定出3个长喙壳属新物种，包括分离自桉树的桉树法比长喙壳（*C. cercfabiensis*），分离自杉木的武夷山长喙壳（*C. collisensis*）和分离自芋头的长喙长喙壳（*C. changhui*），以及9个亨特长喙壳属新物种，包括分离自桉树的安亨特长喙壳（*H. ani*）、秀丽亨特长喙壳（*H. bellula*）、桉树亨特长喙壳（*H. eucalypti*）、法比亨特长喙壳（*H. fabiensis*）、多子座亨特长喙壳（*H. fecunda*）、平滑亨特长喙壳（*H. glaber*）、凸凹亨特长喙壳（*H. inaequabilis*）和梅州亨特长喙壳（*H. meiensis*），以及分离自相思树的台湾相思亨特长喙壳（*H. confusa*）。致病力测试显示桉树法比长喙壳（*C. cercfabiensis*）对桉树有较强的致病性，长喙长喙壳能导致芋头块茎的腐烂，9个亨特长喙壳新种可导致桉树茎干产生病斑。该研究加强了我们对长喙壳科真菌在中国的寄主分布以及致病性的了解。

森林、土壤和水的相互作用

主旨报告

森林、土壤和水的相互作用——政策视角

Dipak Gyawali

报告人简介：Dipak Gyawali 是尼泊尔科学技术院院士，从文化理论角度开展技术与社会相互作用的跨学科研究。他曾任莫斯科能源研究所水力发电工程师和加利福尼亚大学伯克利分校政治经济学家，于 2002—2003 年担任尼泊尔水利部部长，并一直担任非营利性组织尼泊尔水利基金会的主席直至 2018 年。他曾在多个国际组织咨询委员会和审查团担任主席、成员或专家，包括欧盟第四到第六框架计划下水研究审查、联合国教科文组织国际水文计划第六阶段、联合国教科文组织国际水教育学院、可口可乐公司国际环境咨询委员会、美国西北太平洋国家实验室期刊《人类选择与气候变化》、湄公河委员会、斯德哥尔摩国际水研究所、缅甸伊洛瓦底综合流域治理、国际林联森林与水特别工作组、世界银行检查专家组等。目前，他是英国苏塞克斯大学发展研究所实现可持续发展的社会、技术和环境途径研究中心（STEPs Center）可持续发展目标研究项目的顾问委员会成员，并担任奥地利拉克森堡国际应用系统分析研究所的资深研究学者。在尼泊尔，他担任跨学科分析师公司（Interdisciplinary Analysts）的董事长，这是一家专注于定量和定性调查的私营研究公司。

Dipak Gyawali 先生在开篇时指出，"森林+（人与气候变化）+水"这一组合让我们看到对复杂关系的拙劣治理背后隐藏的令人不安的信息。"令人不安的信息"表现在三个方面：

（1）气候变化是由能源部门"引起"的，但是气候变化对社会的影响主要是通过其对水资源部门的影响。气候变化引起的极端事件一方面是洪水泛滥；另一方面则是严重干旱。也就是说，在错误的时间、错误的地点缺乏合理的基础设施和（或）制度能力来应对日益增加的极端事件的危害。他指出，在水资源政策边缘化方面，大气湿度和土壤湿度的变化可能引起（植物、动物和人类的）疾病媒介发生迁移并出现在从未出现过的农业气候区，目前几乎或根本没有预防药物可以帮助我们抵抗疾病无情的攻击。

（2）如果说气候变化说的是一些简单明了的事情，即：①我们的未来将与过去大不相同；②毫无疑问，全球气温正在上升，然而，这对降水量的影响是非常不确定的。对于水工程专业来说，就意味着摒弃我们的标准设计方法，即从有限的数据点估计最大可能的洪水，进行回归分析，并考虑风险概率，据此相应地设计大坝和溢洪道。对于政策研究来

说，这意味着科学家需要更积极地走出舒适区，与社会一起"破除神话"，进行真正的政策干预。

那么，如何去做呢？①需要更多"蟾蜍眼"科学，同时也不应忽视"鹰眼"科学；②水必须从水资源综合管理系统转移到具有更大挑战的水-能源-食物联系；③在治理和实际实施的最低单元上有更多的"联系"，在更高级水平上则仅有宽泛的目标设定和监测。

我们知道，1986年莫霍克会议揭穿了喜马拉雅退化理论，与"雪线"类似，有一条"柴火线"，在这条线之外村民砍树销售在经济上是不划算的。村庄和家庭两级的实际用水具有高度的性别差异：在干旱期间，男女角色会发生转换。传统技术往往在有效性和公平性两个方面都比现代技术更有优势：例如用池塘控制滑坡，而不是用大坝。

喜马拉雅退化理论（THED）长期以来一直在流域科学中占据主导地位，直到在莫霍克会议上被揭穿。虽然森林和草地覆盖对防止表土侵蚀至关重要，但它们对阻止喜马拉雅山的大规模崩坏却收效甚微。这是由于大地构造和地形的不稳定性，再加上季风导致的倾盆大雨的冲刷，造成的大规模崩坏是正常表土流失的数倍。垄塘与淤地坝的图像对比结果非常明显。关键在于，垄塘有助于降低季风过程线的峰值并储存冬季用水/补给地下水。明显的优势包括滑坡稳定、冲沟稳定、绿色水源保护以及玉米增产50%。

问题是，为什么那些支持"令人不安的信息的产生"的机构本身没有任何反思，也没有反馈机制去改进自己的发展计划？

应用文化理论可以解决这个问题。林务人员要对此加以关注，因为它来自社会人类学家和生态学家理论工作的整合。文化理论（或多元理性的新涂尔干理论/新制度主义）能更好地理解水和森林的治理，在组织倾向的多元化中（官僚等级制度、市场个人主义和激进分子平均主义），不仅每个群体可以在政策制定中发声，同时他们关切的问题也会得到回应，通过多重"问题反馈"的方式重新界定问题和潜在的解决方案，从而找到可持续治理的可能方案。在报告中，Dipak Gyawali先生以文化理论为基础，结合达摩法则（即影响整个宇宙的真理或规则），分析了政府、社会和市场各利益相关者及其动态关系，以及对自然的影响，并结合地下水过量开采对社会的影响与响应的案例进行了具体分析。

（3）森林部门和水资源部门工作者都一叶障目了么？单从森林部门来说，不应只着眼于碳汇，而是要考虑森林-水-人-碳的错综复杂的关系，并结合不同地区的气候及水文地理特点重构，将共有资源土地（而不只是森林）作为主要的水资源消耗实体；单从水资源部门来说，应超越跨边界地表水，超越学科界限，应认识到水不仅仅只是一个土木工程和经济主题，同时，要更仔细地观察大气湿度、土壤湿度、地下水和越来越多的极端事件。对于森林部门和水资源部门两者来说，应充分考虑跨部门政策影响，以及公民参与对各方影响的重要性，并强调将公-私伙伴关系修正为公-私-公民伙伴关系。

（整理、记录：吴水荣）

从树木到地球系统尺度看气候、森林、水和人的关系

Meine Van Noordwijk

报告人简介：Meine Van Noordwijk，荷兰国籍，现居于印度尼西亚，是世界混农林业中心（ICRAF）杰出科学研究员，并担任荷兰瓦赫宁根大学农林业教授。他曾接受过理学硕士（MSc）级别的生物学/生态学训练，并获得农业科学博士学位。他专注于社会生态系统中的跨尺度关联研究。他于 2017—2018 年担任关于森林与水之间关系的全球森林专家小组（GFEP）的联合主席，并担任生物多样性和生态系统服务政府间科学平台（IPBES）评估小组的首席专家。其研究覆盖植物根系与土壤的相互作用、树木综合模型（功能分支分析、异速生长的分形标度）、树木-土壤-作物的相互作用（WaNuLCAS）、景观镶嵌中的水文功能（GenRiverandFlowPer）、土地利用动态（FALLOW）规模、社会共同投资环境服务、通过农场树木实现可持续发展目标的机会等方面。Meine 博士研究兴趣广泛，曾发表 400 多篇专业科学出版物。

报告论述了气候-森林-水-人的关系，指出碳循环把森林-水-气候变化联系在一起，人和水密不可分，水影响森林，森林影响气候，气候影响人，政策影响森林、水和气候。报告指出，人-水-森林-气候是一个生态共同体。

Meine Van Noordwijk 教授从气候-森林-水-人关系的生物物理基础和人类对气候-森林-水-人的微妙关系的管理两方面进行了阐述。

如果把气候-森林-水-人关系的历史变化进程比作上帝创造人类的一个星期，即：星期一：森林出现和相对稳定的气候形成；星期二：生物多样性变得丰富、生态系统服务增强；星期三：森林覆盖陆地，人类进化成长；星期五：人类利用森林，使用林产品。

最新研究成果表明，大气水分循环率比前些年人们所认为的要高，下降气流的影响也许发挥了很大的作用。

森林-气候关系的讨论要结合水研究一起考虑，这样人们才能更好理解以及形成统一意见。

政策方面：既然人类高度关注水的问题，为何关于气候的政策不能结合当地情况并且从人们关心的角度去制订？

Meine Van Noordwijk 教授讨论了持续变化的地球上森林和水的脆弱性和适应性，以及人类应如何治理？森林重要吗？谁对森林和水负责，应该怎么做？如何能取得进步，怎么才算取得进步？

人们采取措施管理气候、森林和水，气候、森林和水反过来作用于人类。多年来，国际林联牵头的全球森林专家小组（GFEP）围绕相关的可持续发展目标对森林和水的相互作用关系以及相关政策进行了深入研究。研究表明：没有森林，就没有水。过度干旱或洪灾都是由于大规模采伐森林引起的，植树造林是一种全球性的补救措施。

目前存在 3 种有争论的观点：一是没有森林，就没有水；二是树越多，水越少；三是树木和水的综合影响取决于当地条件。

土地使用类型：管理与功能必须配套起来，主要的森林管理类型包括 3 种情况：一是天然保存，即完整的湿地、退化的湿地/干旱的森林、天然分散的森林、退化的干旱的森林、植被恢复林等；二是农用林管理，包括成熟的农用林、乔木单作、低龄农用林等；三是城市和城郊森林，包括市区公园中的城市森林。

报告提及，B. W. Abbott 2019 年在《自然地球科学》期刊上发表的论文《人类对全球水循环的控制缺少概念和认知》曾提出：随着各种因素的复杂程度不断提高，我们需要揭示并回答 3 个问题：①森林重要吗？②谁对森林和水负责，应该怎么做？③如何能取得进步，怎么才算取得进步？D. Ellison 等（2019）发表的文章也曾提倡应促进水资源的循环利用，使森林具有更强的自然恢复力。

报告以刚果流域为例，介绍了陆地降水循环率的研究：刚果流域、尼罗河流域加上一些作为单一大气/降水系统的东非流域，青尼罗河流域的水流部分依赖于浮游植物的蒸腾作用，并与白尼罗河连接，刚果流域从东西两侧接收雨汽水分。海洋-陆地梯度模型研究结果：减少蒸发量（例如森林减少）会导致陆地的降雨持续减少。

报告提出，人类活动导致人为温室气体排放作为外生变量，在短期和长期对大气浓度产生不同影响，减少人为导致的温室气体排放至关重要。能源利用、食物、交通等与环境适应性存在相互作用，现实和预期的气候变化对人类和生态系统的影响会直接或间接决定环境的适应性。

在森林水文的区域性和全球性方面，树木和森林通过土壤渗透、水分利用、土壤水分再分布和降雨循环的规律与区域和全球的水循环联系在一起。

目前对森林和水关系的理解主要有 3 种观点：一是强调树木的覆盖率给当地带来的众多益处；二是关注流域水文对大面积的人工林的影响；三是侧重下降气流对水文气候的巨大影响。

Meine Van Noordwijk 教授提出，关于气候-森林-水-人之间的联系已被重新认识，各个地区的关注点与行动可以与全球层面的需求相互呼应，并且必须与全人类的利益保持一致。

（整理、记录：谢耀坚）

会议报告摘要

关于南美西北部泥炭地退化程度和性质的最新研究结果

Louis Verchot[1]　Kristell Hergoualc'h[2]　Mayesse da Silva[1]　Rosa Maria Roman-Cuesta[3]

[1. 国际热带农业中心；2. 国际林业研究中心（秘鲁）；3. 国际林业研究中心（肯尼亚）]

　　热带泥炭地地图是利用国家数据以及国际泥炭学会进行的调查绘制的，其中许多基础原始数据无法追踪，一些不确定性信息通常是不可用的。因此，有必要采用一种新的方法。本研究使用专业系统模型，开发了新的热带和亚热带泥炭地地图。该地图显示，热带和亚热带泥炭地在南美洲的分布比在任何其他洲都更广泛，在巴西、哥伦比亚、秘鲁和委内瑞拉等地都有大量分布。与受干扰严重的东南亚泥炭地相比，大多数南拉丁美洲的热带泥炭地，因其规模较大、与世隔绝，且无法利用，使得它们免受人为造成的大规模退化，也使得他们远离国际社会利益的影响。新的气候压力（例如干旱和火灾频率的增加）可能会引发人们对热带泥炭地的关注。我们实地考察了泥炭地中的两个生物群落：秘鲁亚马孙河、哥伦比亚热带稀树草原，发现在乌卡亚利河和马拉尼翁河流域的 350000 公顷中，73% 的土地退化了。大部分退化都与毛瑞榈（*Mauritia flexuosa*）果实的非可持续性收获有关，且这种退化以棕榈密度和植被碳储量降低为特征。以前从未有过哥伦比亚热带稀树草原存在泥炭土壤的报道，本研究报告了对被洪水淹没的热带稀树草原上泥炭土壤范围的新估计值，并根据实地测量数据推断了该地区的碳储量，同时验证并完善了热带泥炭地地图。

（宫卓苒　译）

相较于从前的认知，热带安第斯山脉的泥炭地更广泛、碳密度更高、更易受全球变化影响

Erik Lilleskov[1]   Rodney Chimner[2]   John Hribljan[2,3]   Esteban Suarez[4]

Laura Bourgeau-Chavez[5]   Sarah Grelik[5]

（1. 美国农业部林务局北方研究站；2. 美国密歇根理工大学；3. 美国科罗拉多州立大学；4. 厄瓜多尔旧金山基多大学；5. 美国密歇根理工大学研究所）

直到最近，国际科学界还是普遍忽略热带泥炭地，尤其是热带高山泥炭地。目前的地图绘制着重关注于低地泥炭沼泽森林，而完全忽视了高山泥炭地。本研究正在进行的地图制图工作显示，热带安第斯山脉帕拉莫和贾尔卡的泥炭地面积相较于从前已认知的大了许多。泥炭地占厄瓜多尔帕拉莫的20%以上、占秘鲁贾尔卡的5%左右。尽管泥炭地的植被低矮，它们仍是世界上碳密度最高的生态系统之一，平均每公顷储存着超过1800兆克的碳，高出热带雨林几倍。高山泥炭地自上次冰川时期结束形成，拥有着较高的长期碳积累速率，这些速率在较高海拔的新生泥炭地中特别高，在靠近帕拉莫低海拔界限的老泥炭地中较低，且将随着全球变暖进一步下降。高山泥炭地对数百万人的生计至关重要，它为许多安第斯山脉城市提供了牧场、农田和干净的水源，人们挖沟渠、发展农业、过度放牧、牛羊破坏等行为，使得这些泥炭地从大气中二氧化碳的沉降池转变为二氧化碳的排放源，且严重的牲畜干扰会加剧甲烷（一种影响巨大的温室气体）的释放。目前，我们正在努力提高对高山泥炭地生态系统分布、碳储量及脆弱性的理解，并努力将这种理解融入到支持当地可持续生计发展中。

（宫卓苒　译）

第三大热带泥炭地地区的生态、社会、经济、文化：秘鲁帕斯塔萨–马拉尼翁盆地

Jhon del Aguila Pasquel[1]   Euridice Honorio Coronado[1]   Ximena Tagle Casapia[1]

Luis Freitas Alvarado[1]   Gerardo Flores Llampazo[1]   Manolo Martín Brañas[1]

Dennis del Castillo Torres[1]T imothy Baker[2]   Ian Lawson[3]   Katherine Roucoux[3]

（1. 秘鲁亚马孙研究所；2. 英国利兹大学；3. 英国圣安德鲁斯大学）

帕斯塔萨–马拉尼翁盆地（PMB）是南美最大的泥炭地复合体，主要是以当地毛瑞桐树（*Mauritia flexuosa*）为主要物种的棕榈沼泽森林。我们在秘鲁亚马孙研究所（IIAP）的研究小组采用跨学科的方法研究PMB生态系统，目的是解释这些生态系统与当地人生计及缓解

气候变化的相关性。我们最新 PMB 地图(碳储量约为 31.4 亿吨)被用作正在进行的生态环境资费项目的基准。我们在 PMB 区域内设置 17 个网状分布的永久性植被样地,旨在了解 PMB 的植被、结构、碳平衡及水文的长期动态。我们正在研究泥炭堆积的短期驱动因素:有机质输入、有机质分解、地下水位变化及天气状况。我们还量化了 PMB 泥炭表面释放的甲烷排放量,并发现在自然条件下的排放量约为 120 毫克/(平方米·天)。我们已在 PMB 地区推广了毛瑞榈果实的可持续性采收技术(例如使用攀登设备),并且正在与秘鲁保护区服务局合作,以开发出能够估算毛瑞榈果实产量的工具(例如森林资源清查、无人机分析技术)。我们已重新验证了有关 Urarina 本地社区与 PMB 地区泥炭地资源利用之间关系的传统认知。我们跨学科的研究能够使利益相关者和决策者更加清楚地认识到泥炭地的重要性。

(宫卓苒 译)

管理和了解哥伦比亚的湿地

Brigitte Baptiste

(哥伦比亚亚历山大·冯·洪堡生物资源研究)

对于自然水情,如"厄尔尼诺"和"拉尼娜"等极端事件,湿地在水文调节等生态系统服务功能中发挥了重要作用,因此有必要加强对湿地的全面了解。在哥伦比亚,洪堡研究所与其他机构合作,已开展了许多有关湿地的研究,从国家层面到地方层面,在机构信息、科学共同体和知识对话 3 个方面提供支持。这些工作的成果包括第一张"哥伦比亚内陆地区湿地地图",地图采用了在 1∶100000 比例尺上土壤、地貌和湿地植被覆盖的官方信息,以及雷达卫星图像。制图过程中确定了区域内含有 30781149 公顷的湿地(占全国内陆地区面积的 26.99%)。这一特征意味着许多生物和人类必须适应水资源的可利用量,因此,我们可以称哥伦比亚为"两栖动物的领土"。在 Magdalena 和 Cauca 河下游土地上的 La Mojana 区域范围内,许多工程都是在 2010—2011 年"拉尼娜"现象带来 3 年洪水后的恢复湿地框架内完成的,其中 700 公顷的湿地在这一过程中被修复,这项工作与当地社区的渔民和农民进行了重要的合作,他们对这个复杂沼泽系统的了解能够帮助我们更好地认识湿地,我们反过来采用基于自然的解决方案以改善当地居民的生活质量及湿地的健康。

(宫卓苒 译)

干旱对杉木根系构型和非结构碳水化合物的影响

杨振亚　周本智　葛晓改　曹永慧　童舟

(中国林科院亚热带林业研究所;浙江钱江源森林生态系统国家定位观测研究站)

干旱是一种对森林植物的生态生理过程产生重大影响的非生物胁迫因子。植物根系是直接面对土壤干旱的器官，因此它对土壤干旱的响应和适应对于气候变化背景下的森林经营具有重要意义。该文章对中国亚热带典型树种杉木的 1 年生盆栽苗的根系构型和非结构性碳水化合物总量组成进行了研究，试验处理包括中度干旱（最大田间持水量 50%~55%）和重度干旱（30%~35%）两种胁迫及对照。干旱处理下根干重、根长度、根表面积和根体积均显著低于对照处理。随着干旱时间的延长，差异也显著增加。干旱显著降低了根系分形维数、根尖数和根系分枝角，干旱使根系构型更加简化，并向更深土层伸展。在实验第 30 天，中度干旱条件下根系中可溶性糖和 TNC 含量显著高于对照；随着干旱处理时间延长，其含量下降；到第 60 天时，中度干旱处理与对照已无显著差异；到第 90 天时候，前者显著低于后者。杉木倾向于在干旱的早期阶段向根系投入更多的碳资源，随着胁迫增强，可利用有限的成本简化根系构型，降低根系分枝角度以促进根系吸收更深层土壤的水分。

试论中国桉树人工林可持续经营策略

谢耀坚

（国家林业和草原局桉树研究开发中心）

桉树最早于 1890 年引进中国。自 20 世纪 50 年代在粤西大规模造林成功后，桉树便成为我国南方重要的人工林战略性树种。

从 1990 年代开始，我国桉树人工林快速发展，到 2015 年，全国桉树总面积达 450 万公顷。桉树人工林年产木材 3000 万立方米，占当年（2015 年）全国木材产量的 26.9%，对维护国家木材安全具有举足轻重的作用。桉树产业形成了包括种苗、肥料、木材、制浆造纸、人造板、生物质产业和林副产品在内的完整产业链，年产值达到 3000 亿元。

影响桉树人工林未来发展的关键是可持续经营策略。首先，政府必须制定科学合理的发展规划；其次，必须转变经营理念，要从纯粹的木材生产为目标转变为木材生产与生态环保兼顾的方向。与此同时，应该实施以下可持续经营的技术措施：①适地适树适品种；②营造混交林；③科学的植被管理；④改善整地和栽植技术；⑤科学的病虫害防控。

中国天然林和人工林水碳权衡的空间格局

刘世荣[1]　余振[2]　Jingxin Wang[2]

（1. 中国林科院；2. 美国西弗吉尼亚大学）

天然林资源是中国森林资源的主体，天然林面积 1.22 亿公顷，蓄积量 122.96 亿立方米，在生物多样性保护、水源涵养、调节气候和改善区域生态环境等方面发挥着不可或缺的重要作用。为满足人口增长和经济发展对木材生产日益增长的需求，我国人工林面积不断迅速扩大。直至 2013 年，中国人工林面积已居世界首位，达 0.69 亿公顷，蓄积量

24.83 亿立方米。不可否认，中国人工林发展在增强森林碳汇方面起到了至关重要的作用。然而，人工林在固碳的同时也消耗大量的水分。人工林在固碳耗水上与天然林有没有明显差异？如果有差异性，该差异在不同气候区又是如何变化的？过去和未来气候变化又对这种差异有何影响？为了更好地指导林业建设，发挥森林的服务功能，这些问题亟需解答。然而，国内外仍然缺乏对大规模造林在固碳耗水效益上的综合评估。

对此，中国林科院和美国西弗吉尼亚大学开展了合作研究。西弗吉尼亚大学余振博士以中国东部主要造林区域为研究对象，系统分析了人工林和天然林的蒸散、生产力和水分利用效率等关键指数在不同气候区的差异。我们采用多源数据分析的方法，研究天然林和人工林固碳耗水差异及其时空变异规律。研究发现，人工林的水分利用效率低于天然林。在水分不受限制的南方区域，人工林和天然林在耗水上没有明显差异。然而，随着干旱度指数升高，人工林在水分受限的气候区，耗水能力显著高于天然林，这进一步加剧了干旱区的水资源紧张。此外，自 1980 年以来，人工林的耗水能力对气候变化的敏感性高于人工林。该研究结果对我国未来造林规划将提供了重要的科学依据。在气候变化背景下，我国应首先重视天然林保育和可持续经营，其次应慎重制定干旱、半干旱区域的造林规划。未来林业政策倡导发展森林多功能经营，从一味扩大森林面积转变为提高森林的质量、生产力，以及改善森林健康和增强森林适应气候变化的韧性。

氮素可利用性对提升华南地区典型亚热带人工林土壤碳固持的作用

刘世荣[1]　王晖[2]

（1. 中国林科院；2. 中国林科院森林生态环境与保护研究所）

人工林生态系统正在成为我国森林资源和木材储备的重要组成部分，对碳固持和可持续森林管理起着关键作用。关于树种组成和多样性对土壤氮可利用性和有机碳固定的影响研究仍然有限。本研究在我国典型亚热带人工林中进行了调查和长期的模拟试验。与桉树（*Eucalyptus* spp.）纯林相比，桉树与固氮树种的混交林通过增加土壤总有机碳和微生物生物量碳含量、土壤微生物群落多样性和丰度，而增加了土壤有机碳（SOC）和氮含量，但降低了 CO_2 排放。马尾松（*Pinus massoniana*）-红椎（*Castanopsis hystrix*）混交林 SOC 和土壤氮储量均显著高于马尾松人工纯林。加入高质量的红椎凋落物促进了针叶凋落物中惰性碳化学组分的质量损失以及针叶凋落物养分向土壤的返还。我们的结果还表明，与人工纯林相比，混交林显著改变了土壤细菌群落组成和结构。土壤与凋落物的碳氮比、总有机碳、铵态氮、凋落物质量和硝态氮含量是影响土壤微生物群落的关键因素。此外，SOC 与 K 策略者的丰度呈负相关，而与 r 策略者的丰度呈正相关。这些结果表明，氮素可利用性通过改变亚热带人工林土壤微生物群落组成，对提高 SOC 固定具有重要作用。

阔叶树种改变并均匀分布了华南马尾松
人工林的土壤有机碳化学组分

王晖[1]　刘世荣[2]　Jingxin Wang[3]　史作民[1]　蔡道雄[4]　卢立华[4]　明安刚[4]

(1. 中国林科院森林生态环境与保护研究所；2. 中国林科院；
3. 西弗吉尼亚大学林业与自然资源系；4. 中国林科院热带林业实验中心)

针叶林向阔叶林或混交林转化对土壤有机碳(SOC)的化学成分具有潜在的影响，但对SOC化学组分分布均匀性的影响尚不确定。在亚热带马尾松人工林的采伐迹地上，进行了马尾松(Pinus massoniana)、格木(Erythrophleum fordii)、马尾松-格木混交混种的造林试验，对造林8年后的表层土壤有机碳化学组分和微生物多样性进行了评价。研究发现，格木纯林和混交林土壤中的烷基碳和羧基碳占SOC的比例、烷基碳/氧烷基碳、SOC化学成分分布均匀性均高于马尾松人工纯林。SOC化学组分分布与凋落物和细根的有机碳化学组分呈正相关。微生物生物量碳与活性SOC组分呈正相关。与凋落物相比，细根碳与SOC化学组分的关系更密切。这些研究结果与我们之前一项25年造林实验的结果不同。此前结果表明，土壤微生物群落组成而不是凋落物质量与SOC化学成分有关。这说明，在早期的造林系统中，植物碳的化学成分更能预测SOC固持。将本地固氮阔叶树种与针叶树种混交，很可能通过增加惰性SOC组分和SOC化学组分的分布均匀性而增强针叶人工林SOC化学稳定性和对气候变化的抵抗力。

青藏高原东缘亚高山土壤净氮矿化对森林类型转换的响应

史作民
(中国林科院森林生态环境与保护研究所)

本文研究了青藏高原东南缘亚高山区域4种森林类型，包括岷江冷杉(Abies faxoniana)原始林、粗枝云杉(Picea asperata)阔叶混交林(包括人工栽植的粗枝云杉和天然更新的乡土阔叶树)、天然次生林和粗枝云杉人工林生长季土壤氮的净矿化及其微生物群落组成。结果表明，森林类型显著影响土壤净氨化速率，而对其净硝化速率的影响不显著。天然次生林土壤累计氨化作用形成的无机氮的数值较高(11.40克/千克)，而云杉人工林的较低(4.79克/千克)；累计硝化作用形成的无机氮的数值范围从岷江冷杉原始林的17.75克/千克到粗枝云杉阔叶混交林的27.98克/千克。4种森林类型土壤的平均净矿化速率没有明显的差别，粗枝云杉阔叶混交林和天然次生林土壤平均净氨化速率表现为负值。净氨化和硝化速率呈现出不同的月份格局，净氨化速率的较高值出现在生长季末期，而净硝化速率的较大值出现在生长季中期。土壤净矿化速率可以用土壤特征和真菌细菌的磷脂脂肪酸的比值进行较好的解释。

不同经营模式对蒙古栎次生林叶功能
性状和土壤理化性质的影响

何友均[1]　高月[1]　陈超凡[2]　覃林[2]
（1. 中国林科院林业科技信息研究所；2. 广西大学林学院）

　　植物功能性状是连接植物与环境的桥梁，能反映植物对外部环境的适应机制。以黑龙江省哈尔滨市丹青河实验林场 3 种经营模式下的蒙古栎天然次生林为研究对象，对其叶功能性状进行研究，探讨叶功能性状与土壤理化性质间的关系，对于理解植物对环境的适应机制及植物群落的构建具有重要意义。研究结果表明：①除土壤全钾、速效钾、有机碳含量外，不同经营模式下的土壤理化性质相差不大；②不同经营模式下的叶功能性状差异较大，目标树经营模式的单叶面积极显著大于综合抚育模式和无干扰模式（$P<0.01$），目标树经营模式的叶氮、叶有机碳含量极显著小于综合抚育模式和无干扰模式（$P<0.01$）；单叶面积与叶氮含量、叶有机碳含量间均存在极显著负向相关关系（$P<0.01$），叶氮含量与叶有机碳含量间存在极显著正向相关关系（$P<0.01$）；③土壤有机碳对单叶面积、叶氮含量、叶磷含量、叶有机碳含量均有显著影响。可见，不同经营模式下的蒙古栎天然次生林自我恢复能力较强，在采取不同程度的抚育后均未造成林地土壤养分的损失，土壤有机碳是影响不同经营模式下蒙古栎天然次生林叶功能性状变异的主要因素，蒙古栎天然次生林群落通过功能性状的耦合协调或组合来适应环境，植物功能性状对土壤理化性质的响应是一个长期的过程，仍需加强长期监测和更多研究。

考虑环境和林分结构影响的落叶松林地蒸散模型

刘泽彬　王彦辉　田奥　于澎涛　王亚蕊　徐丽宏
（中国林科院森林生态环境与保护研究所）

　　森林蒸散（ET）是森林生态系统水量平衡的重要组分，而 ET 的定量表达和准确预测均需借助能描述 ET 对变化环境和林分结构响应的模型。为了方便应用，基于宁夏六盘山半湿润区华北落叶松林 2015 年和 2016 年生长季（5~9 月）内无雨天气下的野外观测数据，提出了一个相对简单但基于机制的，并耦合潜在蒸散（ETref）、0~60 厘米土层土壤可利用水分（REW）和冠层叶面积指数（LAI）影响的森林蒸散模型。结果表明：①随着 ETref 的增加，最大日蒸散量先快速增加，后逐渐变缓，两者呈二项式函数关系；②日蒸散量随 REW 的增加先逐渐增加，当达到一定阈值后趋于稳定；ET 对 LAI 的响应与 REW 相似。日蒸散对 REW 和 LAI 的响应关系均符合饱和指数增长方程；③将上述 ET 对 ETref、REW 和 LAI 的响应函数以连乘形式耦合并利用 2016 年实测数据拟合参数，得到 ET 模型：ET = ETmax

$(\text{ETref}) \cdot f(\text{REW}) \cdot f(\text{LAI}) = (-0.0992\text{ETref}^2 + 1.3253\text{ETref} - 0.1041) \times [1 - \text{EXP}(-15.729\text{REW})] \times \{0.900 - 0.262/[1 + \text{EXP}(\text{LAI} - 1.381/3.294)]\}$，模型在校准[$R^2 = 0.85$，纳什效率系数（NSE）= 0.85]和验证（$R^2 = 0.73$，NSE = 0.70）阶段均表现出较好的模拟效果，表明耦合 ETref、REW 和 LAI 影响的 ET 模型是准确预测日蒸散的一个有效途径。

三峡水库蓄水对库区弃耕地土壤 7 种金属质量分数的影响

程瑞梅[1]　肖文发[2]

（1. 中国林科院森林生态环境与保护研究所；2. 中国林科院）

为探究淹水对三峡库区土壤金属元素质量分数的影响，以典型消落带中的弃耕地为研究区域，于 2009 年和 2013 年，研究不同海拔（145～155 米、155～165 米、165～175 米），不同深度（0～5 厘米、5～10 厘米、10～20 厘米）土壤的重金属（铜、铁、锌、锰），碱性金属（钙、镁、钠）分布特征及与 pH 值的相互关系，旨在为该地区生态恢复提供科学理论依据。研究发现，2009 年 145～165 米土壤 4 种重金属质量分数为 10～20 厘米层最高，2013 年为 0～5 厘米层质量分数均最高，钙质量分数的最高值均出现在 10～20 厘米层；经历过 4 个淹水周期后，2013 年 165～175 米高程土壤铜、铁、锌和锰含量依次为 0.065 克/千克、59.37 克/千克、0.068 克/千克和 0.069 克/千克，其质量分数比 2009 年分别增加了 50.75%、18.84%、27.46%、27.44%。淹水导致钙、锰质量分数增多，钠质量分数减少，其中钠质量分数变化幅度最大，随着海拔的升高，2013 年较 2009 年分别减低了 60.02%、60.09% 和 59.82%。另外，除钠与 pH 值呈极显著负相关（$r = -0.615$，$P < 0.01$）之外，所测金属指标均与 pH 值呈正相关。淹水不仅导致不同年份土壤金属的分布特征不完全相同，还导致土壤铜、铁、锌、锰、钙、镁的累积及钠的流失。

面向可持续发展的林业研究与合作
——国际林联第 25 届世界大会成果集萃

展　望

面向 2050 年的森林与社会：北欧模式的困境
——国际林联第 26 届世界大会特别策划

编者按：国际林联第 26 届世界大会将于 2024 年在瑞典斯德哥尔摩举行，大会主题定为"面向 2050 年的森林与社会"。为配合大会的举办，北欧林业研究中心（SNS）和瑞典国际森林问题智库（SIFI）于国际林联第 25 届世界大会期间在巴西库里蒂巴举行了"面向 2050年的森林与社会——北欧林业发展模式面临的困境"专家研讨会，研讨会由瑞典国际森林问题智库高级顾问 Jan Heino 和第 26 届世界大会召集人 Fredrik Ingemarson 联合主持，来自亚洲、非洲、拉美、欧洲的代表交流分享了面向 2050 年林业发展的远景构建设想。

"面向 2050 年的森林与社会——北欧林业发展模式面临的困境"专家研讨会上，瑞典国际森林问题智库高级顾问 Jan Heino 首先介绍了北欧林业发展的经验教训。以此为背景，专家组就 2050 年林业发展的核心要素和远景构想展开了讨论。结果表明，没有一种适合所有地区的万能模式，但发现其中存在一些共性因素。

一、人口增长与气候变化

专家组聚焦全球发展趋势框架，阐述了未来可持续林业模式的核心要素。农业用地需求大量增长是人类面临的首要挑战。同时，与会者强调气候变化是影响所有社会领域的大趋势。

二、森林权属

作为面向 2050 年林业发展模式的关键因素，林权问题（包括森林所有权和使用权）在专家组的讨论中反复出现。会议强调，如果没有当地社区的赋权和本土人民的贡献，就无法实现可持续发展。小组讨论的结论之一便是为明确土地所有权和使用权所做的工作必须一如既往有助于实现森林的可持续利用和维护。

三、森林教育和研究

森林教育和研究是专家组在讨论中高度关注的一项议题。会议强调，要通过吸纳新的研究主题并加强综合研究和跨学科研究，扩大教育范围，推动教育改革，使其能够反映社会变革。森林教育要能够反映城市化进程。城市化进程加速，国家逐渐发展成两种景象：一种是人口稀少的农村地区；另一种则是居民远离林业和农业的城市地区。森林研究要关注人口、社会方面的变化并提出应对这些变化的技术革新措施。森林教育招生过程中应该与学生加强沟通，让学生充分了解工作机会、工作前景和专业上面临的挑战。专家组认为，发展森林教育和研究应持续加强跨部门的积极规划和对话，以应对各种持续不断的变化。

四、森林政策和稳定的制度体系

土地资源紧缺、森林持续退化、人口不断增长对食物和非化石能源的需求增加，都将给森林治理带来巨大挑战。专家组强调了一以贯之的森林政策和稳定的林业机构对森林治理的重要性。由于不断增长的粮食需求是促使森林土地类型转换的主要驱动力，因此不应孤立地制定森林政策。专家组认为，提高和巩固林业机构参与可持续经营体系的能力至关重要。这些体系可包括土地资源智慧集约化和综合恢复，使退化的森林重新回归到可持续经营的道路上来。

五、市场运作

缺乏有效的市场运作机制通常是林业部门面临的重大挑战。尽管将来可持续林产品的全球市场将不断扩大，并且基于树木的生态恢复可使大量土地能够建立一定的资源基础，但是开拓强劲的林产品市场仍面临严峻挑战。在发展中国家，林业投资和林业产业回报缓慢，往往不利于森林可持续经营。创造对各种木材和其他林产品的需求离不开森林部门的管理，更广泛地说，受限于当地的基础经济条件。专家组认为，要开拓对社会有利的、强劲的本地和全国市场，需要政府部门和私营部门共同做出努力。

六、多方利益

专家组注意到，未来对森林的多重利用还将会覆盖新的森林用户群体，其重点是健康和保护等主题。今后，经济目标必须与许多其他目标结合起来。这就需要专业的林务人员和不同用户群体之间进行强有力的沟通和互动。此外，专家组强调有必要将土著居民及其传统惯例和地方性知识与森林和景观管理结合起来。最后，专家组认为，林业部门必须通过建立跨部门合作的新体制和新平台，更加注重多方的利益。

七、北欧林业发展模式

北欧国家从其森林资源的各种经济、社会和环境价值中受益匪浅。尽管如此，和其他许多地区一样，北欧也面临着需求冲突和新的消费者偏好等日益凸显的问题。北欧林业模式是专家组讨论的一个重要出发点，同时它也反映了 2024 年将在斯德哥尔摩举行的下一届 IUFRO 世界大会的主题——面向 2050 年的森林和社会。

从专家组的讨论中可以清楚看到，全球各地都面临着相似的挑战。区域间交流经验教训将有助于根据未来的挑战调整林业发展模式。考虑到欧盟的发展，北欧森林模式必须找到新的平台来维护多方利益。

专家组成员：

（1）中国林科院国际合作处陈玉洁副处长；

（2）非洲森林论坛（AFF）管理委员会委员、加纳科学和工业研究委员会（CSIR）林业研究所所长 Daniel A Ofori 博士；

　　（3）巴西圣保罗大学 Luiz Carlos Estraviz Rodriguez 教授；

　　（4）国际森林问题智库（SIFI）高级顾问 Knut Øistad 先生；

　　（5）国际林业学生联合会（IFSA）Ash Lehto 女士；

　　（6）瑞典林业学生组织 Therese Nyberg 女士。

（撰稿：国际森林问题智库高级顾问 Jan Heino、Fredrik Ingemarson；

翻译：王彦尊；校对、编辑：陈玉洁）

林业科学研究与合作：实现可持续发展的必由之路
——国际林联第25届世界大会回顾与启示

一、实现可持续发展的林业科学研究

国际林联第25届世界大会围绕主题"为了可持续发展的林业研究与合作"，根据"森林造福人类、森林与气候变化、森林和林产品创造绿色未来、生物多样性与生态系统服务和生物入侵、森林与土壤及水的相互作用、教育交流与关系网络"6个议题举办了336个技术分会（含15个亚全体会议）。各个议题的技术分会数量分布如图1。其中，"森林和林产品创造绿色未来"议题活动受到了最广泛关注，其次是"生物多样性与生态系统服务和生物入侵"议题。

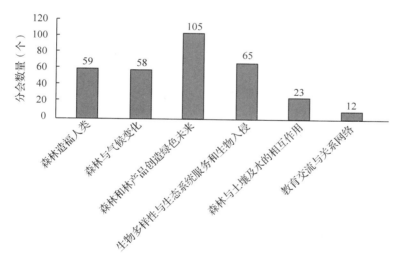

图1　大会各议题技术分会的数量分布情况

（一）森林造福人类

该议题下围绕混农林业与非木质林产品、生态系统服务、景观恢复和减缓气候变化以及社区参与等方面进行了大量讨论，认为在新形势下混农林业对改善生计、增强食物弹性和环境可持续性、向可持续转型等方面发挥着重要作用。在森林与人类福祉方面，重点探讨了生活满意度与行为方法，强调在绿色基础设施规划中将生态系统服务、游憩与景观偏好、社会偏好与人类福祉联结起来。通过在建筑中建立垂直的森林体系使城市和森林融为一体，有助于增加城市森林和绿色基础设施，实现城市可持续发展。联合国可持续发展目标(SDG)及其对森林和人类的影响也受到广泛的关注。SDG 以及 17 个可持续发展目标，旨在从 2015 年到 2030 年间以综合方式彻底解决社会、经济和环境 3 个维度的发展问题，转向可持续发展道路。SDG 是实现所有人更美好和更可持续未来的蓝图，提出了当前面临的全球挑战，包括与贫困、不平等、气候、环境退化、繁荣以及和平与正义相关的挑战。由于 SDG 将不可避免地影响森林和与森林有关的生计以及实现森林具体目标的可能性，而且森林提供了对人类福祉至关重要的生态系统服务。因此，森林对于实现可持续发展目标的重要性不言而喻。

(二)森林与气候变化

随着人类活动导致的土地利用与覆盖变化，地球正在经历一个前所未有的气候快速变化过程。随着全球温度的不断升高，森林在缓解气候变化中的作用日益凸显。在大会首个主旨报告中，来自加拿大林务局的首席科学家 Werner Kurz 教授指出，气候变化产生的效应已经在全球显现，例如飓风、森林病虫害、火灾、树木死亡等自然灾害，这都进一步增加了温室气体排放，改变了能量平衡。森林植被的增加能够有效缓解温室气体排放，因此减少毁林速度是当务之急，同时在全球范围内积极开展造林和植被恢复具有积极意义。要发展可持续的森林管理，提高森林碳储量和碳汇能力。增加木材产品的利用效率，利用木材而非利用混凝土和钢筋来建造部分基础设施。因此，未来增加木材产品的利用效率将是有效缓解气候变化的重要途径。在大会各个会场口头汇报和电子墙报展示环节中，研究人员分别从森林资源调查方法、大尺度多角度森林监测新技术、森林应对气候变化的内在响应机理、森林可持续经营与管理、减少毁林和森林退化所致排放(REDD+)的有效途径等方面进行了学术交流。通过这些成果展示和讨论，与会者呼吁在全球变化背景下，需要进一步提升森林保护等级、提高森林资源管理水平、改善森林资源可持续利用模式。

(三)森林和林产品创造绿色未来

随着全球气候变化加剧，绿色环保、可持续发展等理念已深入人心。为了减少环境退化，特别是为了减缓气候变化，需要更多的森林和树木，大家在这些方面达成了强烈的科学共识。为此，许多国家在政治上越来越多地支持发展生物质能源。在林业领域，生物质资源是储量最大、来源最广泛的一种可再生资源，主要为森林及林产剩余物。在环境问题关注度与日俱增的今天，来自森林资源的可再生材料有着广阔的开发前景。通过对基于林业生物质材料的新技术与新产品的研发来替代传统材料，为全球可持续性发展提供了新的思路和途径。木材、竹、藤等产品既可再生，又可固碳。但现实情况却事与愿违，主要原因之一是经济发展导致滥伐森林，用于森林保护与恢复的公共资金无法弥补这些破坏森林的短期经济活动的收益。如何改变这种现状，填补木材的缺乏状况？从长远看，还需要持续增加人工林面积，发挥短期的木材生产潜力，调整木材价值链等。在不损害森林的环境、经济和社会功能的情况下，从较少的森林获得更多的木材。这将是林业部门未来所面临的挑战，森林作业必须尽可能地提高效率和创新，同时改善环境、经济、产品质量和社会及人为影响因素。

（四）生物多样性、生态系统服务和生物入侵

越来越多的研究表明，增强生物多样性能够提高生产力，进而增加生态系统服务，形成良性互动关系。然而，生物多样性丧失、生物入侵问题依然严峻。《濒危野生动植物种国际贸易公约》（CITES）执行秘书长 Ivonne Higuero 女士指出，濒危物种国际贸易是生物多样性丧失的主要威胁因素。一直以来，CITES 非常重视珍稀树种的保护，其附录中的树种由最初的 18 种（1975 年）增加到现在 500 种左右的用材树种。CITES 保护的关键性核心原则是非致危性判定，在 CITES 网站上已经有 19 个树木有关的非致危性判定指南，对附录中的物种进口必须由进口方提供非致危性判定评估后才可核发进口贸易许可。根据非致危性判定的结果，也可以建议出口配额，作为一种管理工具，确保出口的物种量维持在不损害物种的种群数量。在此次大会上，加拿大温哥华不列颠哥伦比亚大学教授 Suzanne Simard 关于森林中母亲树的角色和作用的研究也受到了广泛关注，她阐述了生活在类似土壤的真菌中的生物如何帮助树木种植和生长，发现树木是通过菌根真菌的地下网相互连接在一起的，这个网络允许树木通过相互传递碳、养分和水来进行交流。森林中的"中心树"，也就是"母树"，是地下菌根网络的中心枢纽，能够以真菌感染幼树或幼苗，并运送它们生长所需的养分。通过 ^{13}C 和 ^{14}C 同位素的实验，她发现不同的树之间可以通过埋藏于地底下的根系进行物质交换。实验发现，小规模的采伐，把"母树"保护好，物种多样性、基因和基因型多样性的再生，加上真菌网络的存在，会使森林的恢复速度变得无比迅速。在采伐森林时，需要保护森林的"遗产"即母树和菌根网络，还有树干和基因，这样就能把它们的智慧传给下一代树木，使整个森林能禁得起未来的重重困难。在试图恢复森林时，也应该选择相对应的植物品种，使他们尽快建立交流，互相帮助，完善生态系统。

（五）森林、土壤与水的相互作用

大会对森林、土壤和水的耦合关系进行了大量深入的讨论。荷兰瓦格宁根大学教授 Meine Van Noordwijk 在大会主旨报告中，从单株树木到地球系统尺度上气候-森林-水-人之间的紧密关系出发，阐明了森林对人类水资源利用的调控机制，指出碳循环把森林-水-气候变化联系在一起，人和水密不可分，水影响森林，森林影响气候，气候影响人，政策影响森林、水和气候。人-水-森林-气候是一个生态共同体。没有森林，就没有水。过度干旱或洪灾的都是由于大规模采伐森林引起的，植树造林是一种全球性的补救措施。Dipak Gyawali 则从政策视角分析了森林、土壤和水的相互作用，通过分析政府、社会和市场各利益相关者及其动态关系，以及他们对自然的影响的分析，指出森林部门和水资源部门应充分考虑跨部门政策的影响。森林部门不应只着眼于碳汇，而是需要考虑森林-水-人-碳的错综复杂的关系，并强调公民参与对各方影响的重要性。

（六）交流、教育与关系网络

不同群体对林业科学知识的理解和领悟是不一样的，森林维护者、天然林砍伐者、保护主义者、律师、学生、政府及官员等不同职业者在对林业科学知识的理解和把握上存在着偏差。在保证森林的演替更新和人的持续发展需求方面，不同群体间对科学的理解也存在着明显差异，这就需要通过不同群体间平等耐心的交流发现并解决问题。如何加强交流、沟通、教育和理解以达到缩小差距的目的，显得尤为重要。让所有利益相关方平等地

参与交流，建立关系网络，在充分利用现有科学知识的前提下，制定切实适用的政策法规，才有可行性。

二、国际林业科学研究前沿追踪

(一)森林培育国际研究进展与趋势

发达国家在林木种质资源精准评价、育种技术体系构建、良繁生产与种子质量控制等方面均进展迅速，林木体胚发生等高效繁育技术已商业化应用。另一方面，他们更加强调亚群体遗传多样性、种质资源保存和利用等方面的工作落实。天然次生林的培育也是一个值得关注的方向，包括预间伐-间伐模式、林分密度和修枝对树木生长和干形质量的影响等内容。

通过选育抗病/抗虫树种遗传材料成为大多数人工林病虫害防控的有效途径之一。目前，世界范围内实施抗病/抗虫人工林林木遗传材料选育的树种主要包括桉树、松树、杨树、相思树等。未来需要探索不同物种、同物种不同基因型菌株致病性差异的原因，强化对病原菌致病机理的研究，同时，也需加强对不同基因型树木之间抗病性存在差异原因的探索，进而指导抗病林木遗传材料的选育。

(二)森林经营相关领域国际研究进展与趋势

森林多目标经营和多功能林业发展的理论与技术将成为森林经营研究的主流。森林可持续经营是当今世界林业的主要发展方向。建立多功能林业技术体系，已经成为世界主要林业国家提高森林经营水平和效益的重要手段。森林经营转向以建立健康、稳定、高效的森林生态系统为目标，景观管理、森林功能区划、多功能经营规划、异龄混交林经营、森林生长模拟和优化决策及工具研发等核心技术持续深入，适应性经营监测和评价技术得到加强，森林健康和生物多样性保护得到持续关注。

对单一树种大面积人工林进行可能的混交化改造，利用乡土树种天然更新的自然优势转变为多目标的目标树经营模式，在生产更多大径级优质木材的同时，减少林分经营的强度和碳投入，提供更好的生态服务。

(三)森林健康国际研究进展与趋势

全球化和气候变化对森林健康带来的挑战，包括森林病原物、昆虫与环境互作对森林健康的影响，生物入侵对森林的影响以及入侵生物的防控，森林病原物和昆虫的转移及控制，森林病虫害的生物防控，人工林抗病林木遗传材料选育，城市林业健康等。伴随着全球化的快速推进，大量病原物和昆虫转移到新的地理区域和新的寄主，一些非本土病原物和昆虫对本土树木带来巨大危害。全球化和气候变化对全球森林健康发展带来的挑战将持续加剧。针对全球化和气候变化对森林健康带来的问题，需要世界各国研究人员组织开展国际合作来共同面对和解决。

城市树木和森林为城市提供许多生态服务，被广泛认为是提高人类福祉的关键贡献者。然而，城市树木和森林受到来自城市环境(如城市热岛效应)和全球变化(如气候变化和生物入侵)等一系列生物和非生物因素压力的威胁越来越大。针对有害生物对城市树木和森林危害的控制，需要加强对城市环境中树木病虫害的早期发现和根除，采取更多创新的思维和措施，以提高城市树木和森林的稳定性和复原力。未来需更加强调社会与各利益相关方共同参与，加强绿色基础设施建设规划。

（四）森林环境与生态国际研究进展与趋势

树木，特别是根系，影响着土壤的生物多样性、结构、各种过程及生物地球化学循环。土壤的理化性质会影响植物的营养、生产力和多样性。植物根系和土壤微生物对于森林生态系统功能的影响是近年来林学研究的热点领域。

水是植物和森林生长最为重要的限制性因素，因而水文过程是森林修复中最为重要的环节。目前的主要研究热点集中在森林恢复对森林生态系统水分利用和径流的影响。

在过去的几十年中，虽然在扩展的保护区系统内进行保护仍然是重要的优先事项，但许多本地动物物种在正式的保护区系统之外占据了经过人类改善建立的景观区域，并被认为在人与野生动物交界处不断发生冲突。因此，需要进一步研究气候和土地利用变化对生物多样性的主要影响，研发关于人类与野生动植物共存的模型。

（五）森林评估、建模等相关技术国际研究进展与趋势

随着遥感、物联网等技术的进一步提升，森林资源调查手段也不断得到改进。近年来，新的遥感技术例如激光雷达、成像高光谱技术，以及新的天基遥感卫星平台，极大拓展了测定森林生态系统结构与功能特征的能力，产生了包括各类遥感技术手段定量化研究自然和人类管理的森林生态系统特征的方法，包括生物量、生物多样性、功能多样性和森林垂直结构等方面的定量监测，催生出大尺度监测与计算遥感分析技术；长期的、大面积监测森林健康与退化及树木死亡早期诊断的技术；以及利用遥感时间序列分析森林的干扰动态等领域均有大量探索性、创新性的研究。森林覆盖变化监测从每年发展到按需、近实时开展，中国也开展了季度监测的示范；定量参数的估测从 5~10 年的间隔朝着年度估测方向转变。

（六）木材科学与技术和林产化工国际研究进展与趋势

基于快速生长的人工林木质林产品开发是未来发展趋势之一，而科学准确表征人工林木材性质是向市场供应适宜品质木材、优化木材价值和提高商业竞争力的关键。近年来，应用创新的无损检测技术评估人工林木材，通过林产品价值链跟踪木材质量信息，以提高生产效率和最终产品性能方面的研究发展迅速。

近年来，竹材作为一种重要的自然资源，越来越受到研究重视。有研究表明，预处理对竹材性能有显著提升效果。热处理可改善竹材燃烧性能，而均化同步处理可解决天然竹材内部维管束分布不均的问题，提高竹材密度和强度。

木材识别技术及其应用已成为国际社会有效监管木材贸易、实现重要树种资源合理保护与可持续利用的重要支撑。本次会议专门组织了"促进木材合法采伐的热带木材识别新方法及其应用"的技术分会，主要涉及木材解剖、分子标记、计算机视觉、化学指纹图谱和稳定同位素等木材识别技术的发展前沿与机遇挑战，依托木材标本馆快速构建木材识别信息数据库是当前及未来研究的热点之一。

以生产绿色化、制造智能化、产品高值化为主要导向，发达国家更加重视木材防火防虫、耐久性和生产控制有害物质释放，以及经济林产品健康安全和高产，已形成高效绿色

加工生产技术体系，技术创新正在向重型木结构和纳米纤维素等生物质材料方向发展。

三、国际林业科技合作的现状与启示

（一）国际林业科技合作现状分析

科技合作集中在国际热点、全球性共性领域，特别是一些国际公约领域。如生物多样性保护、气候变化、防治荒漠化、生物安全等，合作覆盖范围广，参与国家众多，大多是为了更好地实施国际公约而开展的一些多边、双边合作机制。这些领域的科技合作大多在政府间合作机制下开展，涉及各领域最新的科学技术发展，比如生物领域的转基因技术、基因编辑技术等。有些国家只是被动参与或保持跟踪，科技合作的内容大多是大尺度、宏观数据领域的合作，比如气候变化趋势分析、应对措施及其响应等。这些领域受美国"去全球化"行为的影响较大，中国等发展中国家的作用日趋增强。

国际组织和区域性合作网络正在发挥重要作用。国际林联、国际农业研究磋商小组（CGIAR）、全球环境基金（GEF）、国际热带木材组织（ITTO）等国际组织通过组织开展全球范围的林业科技合作，来提升全球范围的科技进步和影响。区域性国际组织或机构如亚太森林组织（APFNet）、亚太林业研究机构联合会（APAFRI）等在区域林业科技合作中发挥的作用越来越大，对解决区域性林业科技问题更具有针对性和可行性，合作成果能够迅速得到推广应用。还有更多专门领域的区域科技合作网络也在发挥日益增长的作用，比如国际柚木信息网络（Teaknet）、亚太森林遗传资源网络（APFORGEN）、欧洲森林遗传资源网络（EUFORGEN）、拉美森林遗传资源网络（LAFORGEN）等区域合作网络，针对具体的树种如柚木或专门领域如遗传资源开展区域合作，能够更快更好地取得成效。

林业科研的投入剧减。大多数林业发达国家在过去几十年大大减少了在林业科研上的投入，特别是在传统领域如遗传育种、森林培育等，甚至解散或改组林业科研机构体系，比如英国对其林业研究进行了私有化。因而，导致国际林业科技合作领域的格局发生较大改变。中国等新兴经济体在国际科技合作中的地位则逐步提升，发挥的主导作用日趋明显。

（二）国际舞台上的中国林业科技人员

新中国成立后，尤其是改革开放以来，中国高度重视并着力开展了全方位的国际林业科技合作，林业领域相关国际组织成为中国林业科研水平进步和林业科技人员成长的重要国际化舞台。

成立于 1892 年的国际林联是规模最大的全球性林业科研组织的合作联盟，总部位于奥地利维也纳，共联合了 120 多个国家近 650 个成员单位的 1.5 万多名科学家，其宗旨是加强所有与森林和树木相关的科学研究的协调和国际合作，实现以提升经济、环境和社会效益为目的的世界森林资源的可持续经营。国际生态学会（INTECOL）于 1967 年成立于美国，包括来自 70 多个国家的 3000 位个人会员以及 40 多个国家和地区的团体会员等，旨在促进生态科学的发展，以及生态学原理应用于全球的需要，特别是通过国际合作来实现这个目标。总部位于法国巴黎的国际木材科学院（IAWS）成立于 1966 年，是世界上木材科学领域的最高学术组织，旨在推动世界木材科学的发展，促进世界林产品加工技术的科技进步，实现林业可持续发展，主办有国际学术期刊《木材科学与技术》，国际木材科学院院士是木材科学领域最高荣誉学术称号。国际木材解剖学家协会(IAWA)成立于1931年，致力于全球木材解剖学及木材科学与技术的发展，主办有国际学术期刊《木材解剖》。

　　随着我国社会和经济的快速发展，以中国林科院专家为代表的中国林业科技人员深度参与国际学术组织，不断发出中国强音。2019年10月，在巴西举行的国际林联第25届世界大会上，中国林科院院长刘世荣研究员出任国际林联副主席，这是国际林联成立127年来第一次由中国专家担任高级别职务，也是迄今为止中国林科院专家在国际科协体系成员机构中担任的最高职务。同时，刘世荣研究员还担任了国际生态学会执委。此外，中国林科院另有18人次分别任职国际林联执委、国际理事会以及不同学部或学科组。截至2019年，全球共有国际木材科学院会士386人，自中国林科院的贺近恪研究员1984年首次入选以来，我国已有22位科技人员当选。2017年，中国林科院殷亚方研究员当选国际木材解剖学家协会执行秘书长，是该学术组织1931年成立以来担任秘书长的首位亚洲学者。与此同时，中国专家分别在国际山茶学会(ICS)、国际杰出机械浆科学家协会(ERGS)等学术组织任职。

　　除了在国际学术组织中充分发挥作用外，中国林业科技人员同时在包括联合国粮食及农业组织(FAO)、联合国打击毒品与犯罪办公室(UNODC)、联合国亚太经济与社会委员会(UNESCAP)、亚太经合组织(APEC)、国际竹藤组织(INBAR)、国际热带木材组织(IT-TO)、《联合国防治荒漠化公约》(UNCCD)、《关于特别是作为水禽栖息地的国际重要湿地公约》(以下简称《湿地公约》)、《濒危野生动植物种国际贸易公约(CITES)》、国际标准化组织(ISO)、国际植物新品种保护联盟(UPOV)、世界自然保护联盟(IUCN)、亚太森林遗传资源计划(APFORGEN)和北极理事会等政府间国际组织及公约中担任林业领域咨询专家，主动参与国际事务，为全球林业科技的发展与应用贡献中国智慧。其中，具有代表性的如中国林科院副院长崔丽娟研究员曾出任《国际湿地公约》科技委员会委员和湿地与气候变化组组长，另有中国林科院专家11人次任职《联合国防治荒漠化公约》，7人次任职国际标准化组织和3人次任职国际竹藤组织。

　　近年来，除了利用各类国际组织提供的国际化展示平台，中国也通过与不同国际组织紧密合作共同搭建国际会议权威平台，向全球宣传发布包括林业生态建设、林木遗传育种、林木病虫害防治、森林资源调查、人工林发展模式、木材高效综合利用和木材识别技术等一大批林业领域重大和关键成果。2016年，国际林联和中国林科院在北京共同主办了主题为"为了可持续发展的森林——研究的作用"的首届国际林联亚洲和大洋洲区域大会。这是国际林联历史上规模最大的地区大会，也是中国举办的林业科技领域规模最大、层次最高、影响较为深远的国际林业学术会议，共吸引了来自60多个国家的约1100位代表参会。中国工程院院士、原中国林科院院长张守攻研究员阐述了林业科技发展对全球范围内提高森林质量、保护生物多样性、保障水源与环境卫生、增加能源供应、缓解气候变化和减少贫困的重要作用和中国方案。2018年，由联合国粮食及农业组织、中国国家林业和草原局、国际林联联合主办，由中国林科院与中国绿色碳汇基金会联合承办的第四届世界人工林大会在北京召开，共有来自66个国家的近700位代表参加，大会系首次在亚洲举办，也是中国首次在人工林领域举办的大型国际学术会议。时任国家林业和草原局局长张建龙在致辞中提出了"我国将完善政策机制，加强科技创新；加大政策扶持力度，加强科研攻关，完善技术推广和服务体系，总结推广先进实用技术和新的人工林建设模式；深化国际合作，共享发展成果；利用各种国际合作机制，分享与传播各国人工林建设的经验、技术和模式"的科学发展人工林的中国方案。

（三）趋势与问题

中国地位不断上升，在国际合作中的话语权逐步提高。随着中国经济的迅速增长和发达国家经济增速的放缓，老牌发达国家在科技合作领域的地位和作用逐渐弱化，取而代之的是中国等经济迅速发展的新兴经济体，中国在国际合作的地位和作用随之显著提升。在中国"一带一路"倡议和全球治理新格局的趋势下，以中国牵头和作为重要参与者的国际合作机制越来越多，体现在一些国际组织区域组织和合作项目，越来越多的高层领导由中国专家担任，在重大国际事务决定和决策中，中国影响得到越来越多的体现。

中国国际科技合作能力和管理能力受到严峻挑战。随着国际地位的提升、话语权的增强，中国参与和管理国际科技合作的能力亟需提高，在全球化思维、多文化工作环境、多语言能力等诸多方面都要求中国的参与者迅速提升参与和治理国际林业科技合作的能力，以便更好地发挥作用，产生效果。

（四）启示与对策

利用各类国际化舞台，中国科技人员持续推动林业热点问题走向国际视野，在国际化舞台上积极宣传中国林业科研成果，充分展示中国林业科研风采，但这还远远未够。针对以上分析结果，仍需努力做到：

（1）提升能力，不断进取。为了适应中国国际地位和影响力的提升，中国应尽快制定人才培养顶层设计，培养能够胜任领导林业国际科技合作的国际型专家，并搭建年龄结构和学科分布合理的复合型国际化人才梯队，积极参与国际组织、区域组织和各类国际和区域研究网络，发挥主导作用，扩大中国影响。

（2）拓宽发挥国际影响力的渠道。派出专家前往各种国际林业组织担任相应高层管理职位，将国家的全球治理政策融入具体的业务工作；或派出工作人员到相应机构或组织工作，边学习、边提高，在工作中提升参与和管理国际林业科技合作的能力。

（3）变被动为主动。中国过去几十年在国际事务中多是韬光养晦、低调处事。在新的国际形势下，应改变这种国际合作战略，变被动为主动，积极参与国际科技合作，积极发挥主导作用和话语权，维护中国国家利益。

（撰稿：郑勇奇、吴水荣、丁易、殷亚方；整理、编辑：陈玉洁、王紫珊）

国际林联第 26 届世界大会信息预告

一、时间： 2024 年 6 月 23~29 日

二、地点： 瑞典斯德哥尔摩

三、主办单位： 瑞典农业大学等

四、大会网站： https：//www.iufro2024.com/

五、大会主题： 面向 2050 年的森林与社会

六、主题背景

当前，全球正面临气候危机，因此需要促进生物经济增长、培育健康森林提供社会服务以满足联合国可持续发展目标，以及提升森林应对多种干扰和人类活动所致压力的韧性。在此背景下，对森林生态系统服务提出了越来越多的需求。

预计到 2050 年，人口增长、气候变化、全球化和世界经济增长等情况将会发生巨大变化，这些将会给森林及森林治理施加巨大压力。同时，2050 年也将是实现《生物多样性公约》"与自然和谐相处"愿景和实现净零排放目标的标志性年份。计划于 2024 年在斯德哥尔摩召开的此届国际林联世界大会将重点关注森林对《2030 年可持续发展议程》及其可持续发展目标的贡献，促进更新完善林业研究，加强跨部门合作与对话，提升森林及森林服务的多功能性。

七、大会议题（暂定）

1. 应对外部压力的森林韧性和适应性提升

（1）如何在全球变化下维持森林健康

（2）森林、土壤与水

（3）适应和缓减全球变化的森林经营

2. 实现负责任的森林生物经济

（1）可持续森林作业

（2）林产品创新、市场营销及产业发展

（3）夯实森林生物经济资源储备的人工林

3. 森林生物多样性及森林生态系统服务

（1）激活未被充分利用的森林基因资源的作用

（2）生物多样性、毁林及恢复

（3）森林景观生态学的新兴议题

4. 促进社会可持续发展的森林

（1）基于自然的解决方案

（2）林业赋能及公平问题

（3）森林、林木与人类福祉

（4）森林治理多维度综合问题

5. 面向未来的森林

（1）林业研究创新及新方法学

（2）模拟未来森林的模型：可预测性与不确定性

（3）高质量林业教育

八、重要时间节点

2022 年	
6 月	开始征集分会申请
10 月中旬	分会申请截止
2023 年	
1 月中旬	获批分会结果公布
2 月	开始征集摘要
5 月初	摘要提交截止
5 月初	大会注册开放
9 月底	摘要接收结果公布
2024 年	
2 月初	大会优惠注册截止
6 月 23～29 日	国际林联第 26 届世界大会时间

九、会议组织信息

组织委员会主席：Fredrik INGEMARSON（瑞典）

学术委员会主席：Elena PAOLETTI（意大利）

学术委员会成员名单：

第一学部：Teresa De Jesus Fidalgo FONSECA（葡萄牙）

第二学部：Marjana WESTERGREN（斯洛文尼亚）

第三学部：Ola LINDROOS（瑞典）

第四学部：Donald HODGES（美国）

第五学部：Pekka SARANPÄÄ（芬兰）

第六学部：Ellyn DAMAYANTI（印度尼西亚）

第七学部：Maartje Johanna KLAPWIJK（瑞典）

第八学部：Alexia STOKES（法国）

第九学部：Mónica GABAY（阿根廷）

副主席：Daniela KLEINSCHMIT（德国）、刘世荣（中国）

执委：Erich Gomez SCHAITZA（巴西）、Wubalem TADESSE（埃塞尔比亚）

大会组委会代表：Björn HÅNELL（瑞典）

国际林业学生联合会代表：Mayté LÓPEZ（秘鲁）

（信息来源：https：//www.iufro.org/events/congresses/2024/，摘于 2022 年 1 月 25 日）

附　录

附表 1　中国林科院代表团名单

序号	姓　名	性别	单位、职务、职称
1	刘世荣	男	院长、森林生态环境与保护研究所研究员
2	肖文发	男	副院长、森林生态环境与保护研究所研究员
3	崔丽娟	女	副院长、湿地研究所研究员
4	陈玉洁	女	国际合作处副处长
5	王紫珊	女	国际合作处工程师
6	褚建民	男	林业研究所研究员
7	郑勇奇	男	林业研究所研究员
8	段爱国	男	林业研究所研究员
9	饶国栋	男	林业研究所副研究员
10	张雄清	男	林业研究所副研究员
11	刘建锋	男	林业研究所副研究员
12	丁昌俊	男	林业研究所副研究员
13	宗亦臣	男	林业研究所副研究员
14	李　斌	男	林业研究所副研究员
15	李万峰	男	林业研究所副研究员
16	毕泉鑫	男	林业研究所助理研究员
17	黄　平	男	林业研究所助理研究员
18	姜景民	男	亚热带林业研究所研究员
19	周本智	男	亚热带林业研究所研究员
20	刘　军	男	亚热带林业研究所副研究员
21	曹永慧	女	亚热带林业研究所助理研究员
22	徐大平	男	热带林业研究所所长、研究员
23	仲崇禄	男	热带林业研究所研究员
24	周再知	女	热带林业研究所研究员
25	刘小金	男	热带林业研究所副研究员
26	王西洋	男	热带林业研究所助理研究员
27	臧润国	男	森林生态环境与保护研究所研究员
28	程瑞梅	女	森林生态环境与保护研究所研究员
29	史作民	男	森林生态环境与保护研究所研究员
30	孙鹏森	男	森林生态环境与保护研究所研究员
31	丁　易	男	森林生态环境与保护研究所副研究员

（续）

序号	姓　名	性别	单位、职务、职称
32	张远东	男	森林生态环境与保护研究所副研究员
33	王　晖	男	森林生态环境与保护研究所副研究员
34	赵凤君	女	森林生态环境与保护研究所副研究员
35	刘泽彬	男	森林生态环境与保护研究所助理研究员
36	张会儒	男	资源信息研究所副所长、研究员
37	陆元昌	男	资源信息研究所研究员
38	庞　勇	男	资源信息研究所研究员
39	张怀清	男	资源信息研究所研究员
40	纪　平	女	资源信息研究所研究员
41	符利勇	男	资源信息研究所研究员
42	覃先林	男	资源信息研究所副研究员
43	谢阳生	女	资源信息研究所副研究员
44	侯瑞霞	女	资源信息研究所副研究员
45	李春明	男	资源信息研究所副研究员
46	刘宪钊	男	资源信息研究所副研究员
47	刘清旺	男	资源信息研究所副研究员
48	高文强	男	资源信息研究所助理研究员
49	李永亮	男	资源信息研究所助理研究员
50	杨廷栋	男	资源信息研究所助理研究员
51	叶　兵	男	林业科技信息研究所副所长、副研究员
52	吴水荣	女	林业科技信息研究所研究员
53	何友均	男	林业科技信息研究所研究员
54	谢和生	男	林业科技信息研究所副研究员
55	赵晓迪	女	林业科技信息研究所助理研究员
56	高　月	女	林业科技信息研究所助理研究员
57	殷亚方	男	木材工业研究所研究员
58	焦立超	男	木材工业研究所助理研究员
59	王　霄	男	木材工业研究所助理研究员
60	王成章	男	林产化学工业研究所研究员
61	周　昊	女	林产化学工业研究所副研究员
62	吴　珽	男	林产化学工业研究所助理研究员
63	谢耀坚	男	国家林业和草原局桉树研究开发中心主任、研究员
64	陈帅飞	男	国家林业和草原局桉树研究开发中心研究员
65	冯益明	男	荒漠化研究所副所长、研究员

附表 2　其他中国单位参会代表名单

序号	姓　名	性别	单位、职务、职称
1	骆有庆	男	北京林业大学副校长、教授
2	张志强	男	北京林业大学水土保持学院院长、教授
3	刘　勇	男	北京林业大学林学院教授
4	林　宇	男	北京林业大学国际交流与合作处副处长、助理研究员
5	李耀翔	女	东北林业大学工程技术学院院长、教授
6	沈海龙	男	东北林业大学林学院教授
7	宋瑞清	女	东北林业大学林学院教授
8	韩冬荟	女	东北林业大学林学院讲师
9	曹玉昆	女	东北林业大学经济管理学院教授
10	朱洪革	男	东北林业大学经济管理学院副教授
11	童再康	男	浙江农林大学研究生院院长、教授
12	曾燕如	女	浙江农林大学教授
13	刘金龙	男	中国人民大学农业与农村发展学院教授
14	朱教君	男	中国科学院沈阳应用生态研究所所长、研究员
15	闫巧玲	女	中国科学院沈阳应用生态研究所研究员
16	陈　玮	女	中国科学院沈阳应用生态研究所研究员
17	于　帅	男	中国科学院沈阳应用生态研究所助理研究员
18	肖　红	女	中国科学院沈阳应用生态研究所编审
19	李智勇	男	国际竹藤中心绿色经济研究所所长、研究员
20	刘志佳	男	国际竹藤中心绿色经济研究所副所长、研究员
21	高志民	男	国际竹藤中心竹藤资源基因科学与基因产业化研究所副所长、研究员
22	高　健	女	国际竹藤中心研究员
23	杨淑敏	女	国际竹藤中心科技处副处长、副研究员
24	夏恩龙	男	国际竹藤中心综合办副主任、高级工程师
25	方长华	男	国际竹藤中心研究员
26	栾军伟	男	国际竹藤中心研究员
27	刘焕荣	女	国际竹藤中心副研究员
28	马建锋	男	国际竹藤中心副研究员
29	马欣欣	女	国际竹藤中心副研究员
30	杨　怀	男	国际竹藤中心副研究员
31	王　一	男	国际竹藤中心助理研究员
32	尚莉莉	女	国际竹藤中心助理研究员

附表 3　国际竹藤组织参会代表名单

序号	姓　名	性别	职　务
1	陆文明	男	副总干事
2	郝　颖	女	成员国事务部主任
3	吴君琦	女	外联外宣部主任
4	李艳霞	女	高级项目官员
5	刘可为	女	全球竹建筑项目协调员
6	王　栋	女	副总干事执行助理
7	傅金和	男	东非区域办事处主任
8	Nallie Uduor	女	东非区域办事处肯尼亚国家项目协调员
9	PabloJacome	男	拉美加勒比区域办事处主任